住房城乡建设部土建类学科专业"十三五"规划教材
高等学校建筑学专业指导委员会规划推荐教材

景观设计

（第二版）

刘　晖　杨建辉　岳邦瑞　宋功明　编著

中国建筑工业出版社

图书在版编目（CIP）数据

景观设计／刘晖等编著 .—2 版 .—北京：中国
建筑工业出版社，2020.12（2023.4 重印）
住房城乡建设部土建类学科专业"十三五"规划教材
高等学校建筑学专业指导委员会规划推荐教材
ISBN 978-7-112-25515-3

Ⅰ.①景… Ⅱ.①刘… Ⅲ.①景观设计—高等学校—
教材 Ⅳ.① TU983

中国版本图书馆 CIP 数据核字（2020）第 184896 号

责任编辑：杨 琪 陈 桦
责任校对：赵 菲

为了更好地支持相应课程的教学，我们向采用本书作为教材
的教师提供课件，有需要者可与出版社联系。
建工书院：http：//edu.cabplink.com
邮箱：jckj@cabp.com.cn 电话：(010) 58337285

住房城乡建设部土建类学科专业"十三五"规划教材
高等学校建筑学专业指导委员会规划推荐教材
景观设计（第二版）
刘 晖 杨建辉 岳邦瑞 宋功明 编著
＊
中国建筑工业出版社出版、发行（北京海淀三里河路 9 号）
各地新华书店、建筑书店经销
北京点击世代文化传媒有限公司制版
河北鹏润印刷有限公司印刷
＊
开本：787×1092 毫米 1/16 印张：14 字数：335 千字
2022 年 4 月第二版 2023 年 4 月第十三次印刷
定价：59.00 元（赠教师课件）
ISBN 978-7-112-25515-3
（36523）

刘 晖

刘晖，女，1968年6月生于陕西西安。西安建筑科技大学建筑学院教授，博士生导师，风景园林学科带头人，西北地景研究所所长。1988年西安冶金建筑学院（现西安建筑科技大学）建筑学专业毕业，1991年获该校城市规划与设计方向工学硕士学位。1991年留校任教至今。2000—2001年中法文化交流项目"50名中国建筑师在法国"奖学金获得者。2005年获该校建筑历史与理论方向工学博士学位。现任中国风景园林学会理事，教育部高等学校建筑类教学指导委员会风景园林专业教学指导分委员会委员，第三届全国风景园林专业学位研究生教育指导委员会委员。

2002年开启并负责景观专门化教学工作，2008年负责开办"景观学"（风景园林）本科专业。2001年起负责风景园林一级学科博士点建设。倡导"生态与艺术介入空间"专业教育理念，提出"场所与场景""场地与生境"作为专业设计能力的基础，持续开展生境花园实践教学。先后主讲"风景园林规划设计原理"等十多门专业课程。

多年来致力于风景园林学基础理论与方法研究，理论与实践紧密结合，主要开展建成环境生境营造、西北风景园林价值体系等领域的研究，主持"西北城市绿地生境多样性营造多解模式设计方法研究"等多项国家级科研课题，主持"西安浐灞国家湿地公园"等多项生态景观型实践项目。

杨建辉

杨建辉，男，1977年2月生于湖北孝感，西安建筑科技大学建筑学院风景园林系副教授，系主任。2000年获中南林学院园林专业工学学士学位；2004年获同济大学城市规划与设计专业工学硕士学位；2020年获西安建筑科技大学城乡规划学专业工学博士学位。

任教以来主要开设的本科和研究生课程有"造园艺术与园林设计Ⅱ""景观工程与技术""公园设计"等。2004年开始投入景观专门化教学，参与了西安建筑科技大学风景园林专业教学体系和历次本科培养计划的制定。

2012年以来，主持和参与多项国家自然科学基金和省部级科学基金课题，获陕西省优秀教学成果一等奖1项，并多次指导学生参加全国性竞赛获奖。主持完成各类规划设计项目30余项，长期在风景园林工程项目中担任现场技术指导工作，指导完成的工程项目获全国优秀风景园林工程金奖1项，陕西省优秀风景园林工程奖2项。

岳邦瑞

岳邦瑞，西安建筑科技大学教授，博导，风景园林学科学术带头人，西北脆弱景观生态规划团队负责人，秦岭保护专家。近20年来，持续关注西北脆弱景观生态修复、西部乡土景观生态智慧、大秦岭生态保护等研究领域。迄今已发表文章50余，主持及参与国家级项目10余，代表性科研包括：主持国家自然科学基金项目"秦岭北麓环境敏感区生态风险评价及空间管控方法研究"（51578437），负责973计划子项目"西部生态建筑体系基础理论研究"（2012CB723302），出版专著《图解景观生态规划设计原理》《图解景观生态规划设计手法》《大秦岭山麓区绿道网络规划与建设》《绿洲建筑论——地域资源约束下的新疆绿洲聚落营造模式》。主讲《景观生态规划理论与实践》《景观生态学基础》《乡土景观研究》等课程，倡导"彰天赋、追天命"的教育理念，践行"生态打底、人文造境"的设计思想。

宋功明

宋功明，男，1970年生于陕西西安。西安建筑科技大学建筑学院风景园林系，讲师。1995年本科毕业获学士学位，2001年获建筑学硕士学位，2004年师从东南大学王建国教授攻读建筑学博士学位。中国风景园林学会会员，陕西省风景园林学会会员。

1995年起开始从教，先后承担"建筑设计""建筑初步""创造性思维训练""景观空间系列训练""城市景观设计""景观与园林设计原理""造园艺术""景观测绘""毕业设计"等本科课程；"城市景观专题研究""居住区环境艺术研究"等研究生课程。

主要研究方向为风景园林史、城市景观规划设计、景观规划设计理论与方法。参编专著《中国窑洞》，在学术期刊上发表学术论文10余篇。参加国家自然基金项目"黄土高原零支出型窑居村落研究"和"黄土高原景观生态安全格局及规划理论研究"等。主持和参与各类规划设计项目20余项。指导学生获2011EXPO西安世界园艺博览会竞赛3名最佳创新奖、5名入围奖。

党和国家高度重视教材建设。2016 年，中办国办印发了《关于加强和改进新形势下大中小学教材建设的意见》，提出要健全国家教材制度。2019 年 12 月，教育部牵头制定了《普通高等学校教材管理办法》和《职业院校教材管理办法》，旨在全面加强党的领导，切实提高教材建设的科学化水平，打造精品教材。住房和城乡建设部历来重视土建类学科专业教材建设，从"九五"开始组织部级规划教材立项工作，经过近 30 年的不断建设，规划教材提升了住房和城乡建设行业教材质量和认可度，出版了一系列精品教材，有效促进了行业部门引导专业教育，推动了行业高质量发展。

为进一步加强高等教育、职业教育住房和城乡建设领域学科专业教材建设工作，提高住房和城乡建设行业人才培养质量，2020 年 12 月，住房和城乡建设部办公厅印发《关于申报高等教育职业教育住房和城乡建设领域学科专业"十四五"规划教材的通知》（建办人函〔2020〕656 号），开展了住房和城乡建设部"十四五"规划教材选题的申报工作。经过专家评审和部人事司审核，512 项选题列入住房和城乡建设领域学科专业"十四五"规划教材（简称规划教材）。2021 年 9 月，住房和城乡建设部印发了《高等教育职业教育住房和城乡建设领域学科专业"十四五"规划教材选题的通知》（建人函〔2021〕36 号）。为做好"十四五"

规划教材的编写、审核、出版等工作，《通知》要求：（1）规划教材的编著者应依据《住房和城乡建设领域学科专业"十四五"规划教材申请书》（简称《申请书》）中的立项目标、申报依据、工作安排及进度，按时编写出高质量的教材；（2）规划教材编著者所在单位应履行《申请书》中的学校保证计划实施的主要条件，支持编著者按计划完成书稿编写工作；（3）高等学校土建类专业课程教材与教学资源专家委员会、全国住房和城乡建设职业教育教学指导委员会、住房和城乡建设部中等职业教育专业指导委员会应做好规划教材的指导、协调和审稿等工作，保证编写质量；（4）规划教材出版单位应积极配合，做好编辑、出版、发行等工作；（5）规划教材封面和书脊应标注"住房和城乡建设部'十四五'规划教材"字样和统一标识；（6）规划教材应在"十四五"期间完成出版，逾期不能完成的，不再作为《住房和城乡建设领域学科专业"十四五"规划教材》。

住房和城乡建设领域学科专业"十四五"规划教材的特点：一是重点以修订教育部、住房和城乡建设部"十二五""十三五"规划教材为主；二是严格按照专业标准规范要求编写，体现新发展理念；三是系列教材具有明显特点，满足不同层次和类型的学校专业教学要求；四是配备了数字资源，适应现代化教学的要求。规划教材的出版凝聚了作者、主审及编辑的心血，得到了有关院校、出版单位的大力支持，教材建设管理过程有严格保障。希望广大院校及各专业师生在选用、使用过程中，对规划教材的编写、出版质量进行反馈，以促进规划教材建设质量不断提高。

住房和城乡建设部"十四五"规划教材办公室

2021年11月

《景观设计》自2013年9月出版以来，适逢建筑学、风景园林专业的蓬勃发展，受到很多院校老师和同学的关注，发行量达2.2万册，出版社提出再版要求，编写组的老师们实感欣慰，努力得到认可，当认真以对，经三轮修改，完成交付。

当今，国内开设建筑专业已近300所院校，风景园林专业已达200所院校，专业教学水平不断提高。"十四五"开局起步，"推动高质量发展"及"生态文明建设实现新进步"等时代命题，对风景园林行业发展是机遇，亦是挑战：面对协调人与自然关系，营建优美健康人居环境的专业宗旨，依然需要促进中国性、科学性的景观设计基础理论与方法建设，建立具有基础性的专业思维理念及其相应技术路径是需要被反复强调的专业教育的关键。

《景观设计》第一版的编写工作历经8年之久，伴随西安建筑科技大学从2003年至2012年期间从景观专门化走向风景园林专业和一级学科建设的思考、探索与经验：兼容来自法国国立高等波尔多建筑与景观学院的办学理念，以及本校建筑学专业空间建构为底色的诸多灵感，建立"从土地空间的景观认知、景观表达至景观诊断"这样一个以"景观理念"为基础逻辑、"驾驭"多学科知识的专业性思维理念，以及"从项目策划到景观空间的设计原理及设计训练"这样一个完整的技术路径。编写者认为其内容依然符合当下人才能力培养的需要。因而，《景观设计》第二版修编工作主体上保留原有编写特色，针对文字中的语意措辞，反复斟酌和修改，以期更易理解，更臻本意，对部分图片及参考文献进行了补充。

感谢国内各高校风景园林专业教师、同学对本教材的支持，以及不断交流中提出的修改建议，特别感谢中国建筑工业出版社陈桦、杨琪编辑多年的鼓励和信任。

刘晖

2020年12月

于西安建筑科技大学雁塔校区

21世纪，人类将不得不认真对待我们生活的世界，面对被污染的水、空气、土壤以及正在减少的土地等自然资源，我们应该以何种方式居住生活在这个地球上？面对挑战的基本思路，首先应具有生态伦理价值观，就是可持续使用和管理资源，并与其他生命共享这些资源；其次，新的设计理念和方法，也可以促进这些问题的解决。

针对外部空间环境营造，景观设计，以其所秉持的理念和对未来的描绘，可以影响社会对环境问题的回应；通过实施营建，可以转化成为新的建成环境，塑造和引导人们合理的生活活动方式；如果是基于生态学原理和适宜的技术，可以鼓励我们设想不同方法来处理被破坏的环境，改善环境的生态功能，营造为人们生活服务的、健康美好的聚居环境。

景观设计（Landscape Design）是风景园林学（Landscape Architecture）学科中重要的实践与研究领域，与建筑设计相同，都是为了满足人类生活活动，营建实体空间场所。景观设计更注重对外部空间自然和文化意义的认知，其专业知识领域涉及自然地理、生态学等自然学科和艺术学、社会学等人文学科的内容；在设计内容方面，景观设计更注重人的环境审美需求与生态秩序之间的和谐关系。

景观设计的营建途径，更注重运用植物、水、地形等自然要素实施空间建造和生态环境改善。以实体空间营造作为基础，景观设计就是研究如何将"生态和艺术介入空间"的理论与方法。

编写内容

教材分为四个部分，由景观设计的基本理论、方法、原理和技能训练组成。第一部分：景观理念——认知与表达，"景观理念"是"景观设计"的基本观点和基础理论平台，系统阐述多学科"景观认知"的基本概念和方法，最终理解"景观诊断"的意义。第二部分：景观项目——程序与方法，从"项目"计划任务书角度阐述"景观设计"的过程，体现"景观理念"的思维方法和工作程序，介绍国内外景观设计职业实践活动内容和景观建设项目类型。第三部分：景观空间——场景与生境，是景观设计的基本原理部分，围绕"景观空间"的基本概念和内涵，以满足基本功能活动的空间营建为基础，阐述"场所中的场景构建"与"场地中的生境营造"的方案构思途径与空间组织原理以及需要掌握的专业知识和技能。第四部分：景观设计——选题与训练，与第三部分的设计原理相对应，设置景观设计训练，是用以巩固掌握景观设计的基本原理和方法，提高方案构思能力，包含设计训练题目、要求和作业点评。

编写特色

1. 明确景观设计的基本理念和基础理论。

2. 突出景观项目的设计思维方法和工作程序。

3. 注重不同意义的景观空间设计原理。

4. 注重设计训练。

适用对象

《景观设计》一书是为建筑学、风景园林及城乡规划等专业的学生学习掌握景观设计基本原理和方法并辅助以相关设计训练的教材。本教材同时面向管理和建造方面的从业人员，学习景观项目策划的方法和步骤。书中提供的资料能够为专业人士正在进行的实践活动提供参考。本书应对时代发展，注重尊重地方性、基地精神和环境特点等方面的要求，针对土地空间的营建，打开新的思路。

使用建议

1. 四个部分相对独立，又相互联系。使用者可以根据兴趣和需要选择相关的部分开始，学习过程中可链接到其他相关内容，达到有机结合。

2. 熟悉掌握基本概念和专业术语。编写上注重基本概念的解释，以链接的方式标明阐述的位置，以便及时、反复地回归对基本概念的理解，并推荐相关阅读资料。在方法性和基本概念的学习上，是一种整体思考。

3. 景观项目程序是一种具有独立性的操作方法和步骤，能为设计者、行政决策者或战略顾问提供参考，帮助项目委托方作判断，确立正确的目标。

4. 简单景观空间的设计训练是基础，将有利于对复杂问题和新问题的思考和拓展。每一个训练选题都为展示学习者个性而设置，在随后的设计中独立地重复使用，从而具备专业而熟练的"基地反应"，理解并接受现实，以确立独立的设计思维构思。

5. 设计训练特别注重现场的景观调查。建议设计题目的基地选择具有较好的背景特色和现场踏勘条件，注重培养现场工作方法、技能和独立工作的能力，包括基地调研、资料收集、使用者的社会调查以及与当地政府部门的访谈，通过分析诊断确定项目的目标。

6. 讨论是非常必要的学习环节。本教材的整体概念来自全球风景园林学的职业实践经验和学科发展理念。对于该领域中每个重要的内容，本书设置了相应的思考与训练，使学习者独立工作或小组合作中，能够展开更为深入的探讨。同时，建议对设计训练成果安排一定的研讨课时，与相关原理方法的学习相联系。

本书的角度和理念并不是定论，难免有争议和疏漏之处，希望本书能够唤起学习者对土地空间保护利用和设计管理的思考，学习现代景观设计的理论方法和技能，增加对景观设计探索的兴趣，使之成为进一步提高的平台。

目录

第 1 章

景观理念——认知与表达

Landscape Idea: Perception & Representation

学习导引

学习目标

（1）理解"景观理念"是学习"景观设计"的基本思维路径。

（2）掌握"景观认知与表达"的概念与工作方法，是景观设计的基本理论与方法，是第一部分学习的重点。

（3）了解相关自然和人文学科知识，理解多学科平台在景观设计中的意义。

（4）掌握"景观诊断"方法，明确其在景观设计中的作用。

内容概述

第一部分主要阐述了本书的基本观点和理论基础，也就是为了认知土地空间而需要理解的观念和掌握的工具。

首先，"景观理念"是建立在人对客观环境的主观表达基础上的。其次，"景观认知与表达"是面对具体的客观现实，多学科角度观察和分析土地空间景象及变化过程，并表达这种客观现实，从而认识景观。当然，这需要了解相关的自然和人文学科知识，这也是本章节学习的第三个方面。最终，景观认知与表达的目的是为了得出对当前现状的诊断性结论，发现现状问题和未来趋势，用于提出下一步项目任务和设计目标。

景观认知与表达是景观设计的基本理论与方法，"阅读景观"是景观认知与表达的途径，是观察和解释景观的工具，其目的是寻找产生各种景象及其变化的"原因"，即景观动因。"阅读"首先是要理解景观随时间推移的演进过程，今天的景观是介于"过去、未来"之间逻辑过程中的点，"阅读"的目标是通过理解景观动因的影响，确立一种对景观发展状态的专业性判断，推测将来的景象，并探求明天的使用者

对未来不断演进的景观的需求。

这种思维方法和分析手段的最终结果是要得出对基地的诊断，就像是医生为一个人进行健康检查，通过对人体各功能系统的医疗检测，对其"健康状况"的良好状态给予肯定，对疾病或者疾病的隐患给予处理的治疗方案，这是景观项目产生的基础。景观项目中有些任务是由项目原始委托方提出来的，而在景观认知的过程中修正和补充完善的项目任务和目标，将会使得景观项目的确立更为科学合理。

为了实现这个目标，最有效的方法是基地现场感受和分析工作，除了观察人的活动、空间特征和要素分布外，更需要运用自然科学和人文科学的基本知识，判断理解基地的景观及其构成要素的内在和外在的关系。

所以，第一部分的学习强调从一开始就建立一个景观观察研究的整体概念，不单是作一系列的分析，也不是描述细节，而是联系景观的现在与过去，和对未来的一种假设。另外，各个相关学科知识的学习需要一些基础性的了解，以便能够向专业人员提出有效的问题并理解他们的回答。

关键术语

景观理念，景观认知，景观表达，景观演进，景观动因，景观调查，景观阅读，景观诊断，多学科知识，自然秩序，文化秩序。

学习建议

（1）第一部分的"景观理念、景观认知、多学科知识和景观诊断"四个内容相互关联，需要学习者建立整体的思维方法和知识框架。

（2）第一部分的学习需要更多的思考，本部分基本概念存在很多不同角度的解释，学习者可根据"推荐阅读"提供的资料，广泛阅读和思考讨论。

（3）景观阅读部分的学习应从现场基地本身出发，可以与第四部分的设计训练相结合。需要注意三点：一是注意要素和整体之间的对话，例如景观中的植被，景观中的建筑等，目的是将特殊的学科知识用空间格局、功能作用和演变过程等逻辑性的关系联系起来，达到多学科理解认知整体的可能。二是相关课程知识和基地观察感受之间的转换。三是注意同一要素在不同空间尺度中的定义和空间构成特征，以及它们在不同尺度之间的相互转化。

1.1　景观理念

1.1.1　词源

"景观"一词来自于英文的"landscape"，就其原本的词源解释有很多方面。

在欧洲，"景观"一词源于 14 世纪，作为对局部大地的表达，是描绘人们感受到的自然环境的画面。词语本身来自于盎格鲁撒克逊语（Anglo-Saxon）。意大利方言 Paese，原本是对"局部大地"的命名。法语中景观一词为 Paysage，将国土的概念与景观一词融合起来，意味着一个整体领土的概念。之后，辞典给出了一个定义："景观是一个观察者对于一块土地的感知。"

在《辞海》中，对"景"的解释主要是"景色、景致（与风景、景象意近），现象情况（景况、情景）"；"观"的解释主要是"看（观看），对事物的看法或态度（人生观），景象（奇观），游览（观光）"。对于"景观"一词，其实可以有两种解释，一为"大地景象"，也可以为"对大地景象的认知及对其的表达"。

1.1.2　景观是一种感知

景观的存在来自于观察者对具体的客观现实的感知。在观察者与现实之间，存在一种距离和一系列的滤网，这些滤网阻塞或解析观察目标的信息，也就是说，客观现实传递主观的信息，这是一种可解析的信息，一种可以带来意义的信息。每一个观察者的感知都是不一样的，每一个人眼前的综合滤网会让每个人用不同的方法看待事物。在复杂的精神世界中，人们愿意看到新的、独特的、日常生活中不存在的事物，往往忽视我们已经认识或熟悉的事物和环境（图 1-1）。

图 1-1　"景观是一种感知和表达"示意图

不同系列滤网的渗透，影响着观察者的感知。这些滤网可能是客观环境和物体干扰视觉所带来的，如雨雪、雾气、光线、时间，即客观的滤网；也可能是观察者自身特定的教育、文化、个人经历所决定的心理渗透，是精神的滤网。因而，我们看不到现实中所有的事物，有时我们只愿意看到我们能看到的，或者我们需要学习的东西，或者我们决定要看得见的东西。所以，景观感知过程的图解可以表现为：

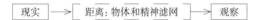

1.1.3 景观是一种表达

景观来自观察者对客观观察的感知，使得景观具有主观性。基于这种感知，观察者能够创造出一种对于观察到的景象的表达。当人们具有表达的意向以及不同层面表达的能力，客观现实才能变得更具意义。这种表达可以是一种简单的语言描述或摄影录像，不论是儿童还是成人，这是人类具有的本能意识，也可称之为一种描述式和记录式表达；表达也可以是更具有艺术精神的或概念性的想象，例如绘画、文学、音乐，甚至一些新的语汇等，我们称之为艺术化或观念化的表达；更为社会性的，并满足功能欲望的表达，是实施于土地上的物质环境变化，例如历史上的花园、公园等，我们称之为营建。

景观的表达联系着对感知、现象的解释。因每个人的观察滤网作用不同，所以对同一客观对象感知的解释存在差异。景观也反映时尚、先入之见和大众意识。基于这种主观性和社会性，对土地空间的感知更需要一种科学的专业性表达，更科学地理解客观实体的价值和人们的解释。

我们生活中常用的各种地图，可以说是对客观环境的一种比较准确的表达。但地图也不能完全代表实际的基地情况，它也只是土地现实的影像，例如地图上画的一条边界线，实际上是不存在，地图上标注着一座山的名称，而我们不能看到它的实际景象，只能依据经验而想象这座山。另一种"地图"更是代表了个人对现状的认识，就是当我们给朋友画一张怎样去某个地方的示意性地图时，它并不代表现实情况，而是依据个人的印象画出图来，甚至可能与实际情况相差甚远。

景观也像语言学一样，是由一种现实、对现实的表达和一种观念组合而成的。某一种类型的景观的概念，例如"山""平原""传统花园"和"城市"等名词在每个人的头脑中都有固定的想象和描述，但其想象和描述不一定能科学而客观地反映真实存在。

绘画也是同样的表达概念，但是更为复杂。理解马格利特·和内的绘画作品，是一种对景观表达思维理念的考验。他的绘画作品的主题来自对一种词汇的图解，达到了用词汇代表景象的意图，这种景象的表达方式在作品中可能具有代表性，"愚弄了"图画里的空间现实。例如"田野的钥匙"，画面中"窗前"有一个画着"风景"的"画板"，这个"风景"是被挡在画板后的实际景象吗？还只是现实景象的一种表达？或是一种与实际景象完全相反的想象？我们如何来命名这种由现实或画板组合而成的画面呢（图1-2）？

图 1-2 Magritte 的绘画"田野的钥匙", The Key to the Fields. René Magritte, 1936

1.1.4 景观及其代表性

景观的感知和表达体现了个体的主观性,当这种感知和表达的各个层面(个体、艺术或观念以及营建活动)具有社会群体意识时,景观对地域自然环境、时代性和地方文化具有代表性。

我们知道,历史上景观的代表性多表现为各类花园的营建,花园可以说是用空间组织表达的美学秩序,因而,景观的概念伴随着人类文明的发展,其传统美学上的意义由古至今。

19 世纪地理学科的发展和 20 世纪的生态学科的介入,使景观的概念拓展到人与环境的关系,而形成了 Landscape Architecture 学科和专业的概念。历时一百多年,我国对该学科和专业的称谓是风景园林学和风景园林专业。

不论是传统的花园,还是人们对土地空间利用的规划设计营建,都是人类对自然的认知过程并将其表达与传递。"景观"应该是各个地区历史时期,人们对其生活的土地与环境的

认知与表达,它包含三层含义:

(1)客观实体:存在的、被感知的客体,一种土地和空间的景象,它反映了自然界和人类社会的景象及其内在的规律。

(2)表达:客观实体被人们感知后所形成各种信息,并赋予其美学、构图、形式的特征和代表性意义。

(3)观念:对客观实体在自然和文化意义的理解和解释。

因而,景观的形成可以解释为:土地与空间的实体部分被人们在特定的角度所看到,通过感知和表达形成了人的主观理解成为观念,最后又以这种观念和干预方式施加在土地与空间。它传递人们的主观态度和社会背景下的感知方式,以及对大地客观环境部分的表达。专业而科学的表达来自于观察者的多学科知识累积和删除滤网的能力(图 1-3)。

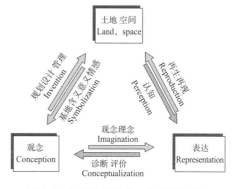

图 1-3 "景观的理念"三角形概念图示

1.1.5 景观是一种文化

景观感知滤网中的文化方面的影响是逐步建立起来的,这是基于观察者每次观察不同类型的景观时,不断尝试新的表达方式,进而促使个人感知滤网中的知识观念的形成。艺术性

的表达是用一种观念下的艺术手法改变环境所呈现的外在表现，以营造一种更具文化性景观。例如，在印象派绘画之前，伦敦的雾也只是雾，因为印象派，雾成为了一种光线和色彩。在中国，传统山水绘画具有同样的过程，但是表达了不同的意义，山水画中的雾是宇宙中的气（图1-4）。

图1-4　上图：克劳德·莫奈（Claude Monet），"伦敦的晨雾"，法国；
下图：马麟，"夕阳秋色图"，南宋

18世纪以前的欧洲，自然的山脉还不被人们认为是美丽的风景，也不被当作一个有意义的感知对象。在东方文明中，山岳是一远望的艺术，并产生一种哲思。中国的山岳崇拜产生于农业文明时期，五岳并不一定是所处区域中最高的山峰，但都坐落在人们从事农业生产和居住生活的平原或盆地旁边，雄伟高耸的山体能够被人们从平原上眺望，成为先民们的自然崇拜的象征和文学绘画描绘的对象（图1-5）。

什么是景观文化？它可以解释为现实景象与有意识的感知和表达所形成的文化活动，它们之间存在四种连续性的关系：

一是现实景象与有意识地感知观察活动；

二是感知观察活动之后对现实景象的表达；

三是单体或群体的表达逐渐形成的观念及其专门的语汇；

四是观念和语汇影响下有意识的营建活动。

一种景观文化实际上是具有景观觉悟意识的文化。它可以用来代表社会某个时期的价值观和公众意识，同样可以用来表述个人的学识。

景观文化的形成有可能是来自个人的，也可能是来自社会的，其形成都需要三个阶段。

第一阶段，景观概念的产生。一种景观文化形成的初始，是对现实的视觉感知所产生一定量的表达开始的。这是由于观察者有意识地观察和感受一个地方的景象，或者是要建立与这个地方相关联的一种表达，因为这个地方是观察者记忆中引起美好记忆的地方。

第二阶段，景观语义结构的含糊和重复。第二阶段景观文化的建造是在多种意义的良好状态下开始的，例如，"画一幅风景"这句话的含义是什么？是一幅能挂在房间里的画？还是需要表达真实环境的风景？当人们能够表达

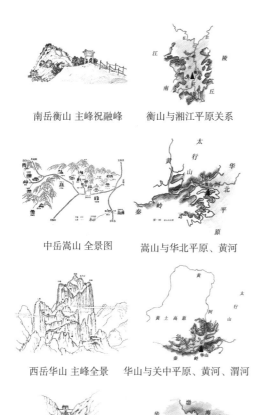

南岳衡山 主峰祝融峰　　衡山与湘江平原关系

中岳嵩山 全景图　　嵩山与华北平原、黄河

西岳华山 主峰全景　　华山与关中平原、黄河、渭河

东岳泰山 南天门　　泰山与华北平原、黄河

北岳恒山 全景图　　恒山 全景图与滹沱河

图1-5　五岳与平原的关系及典型景观

一个并不存在但能唤起人们对风景印象的具有共性特征的表达时，这个时候就处在景观文化形成过程中的第二个阶段，景观观念的语义再现。例如，中国人民想表达的风景可能是"山水画"，英国人的理想是田园风光。这是基于

群体意识所形成的对"风景"的理解和想象，已经脱离对现实景象的表达，形成固有意识观念下可想象的风景。

第三阶段，表达方式的自我循环，不断锻造出一种典型模式，它可以表现为历史上典型的花园形式，也可以说为什么人类文明中存在着完全不同的造园形式。中国的自然式园林，英国的风景园，伊斯兰庭院对水珍惜到表达为十字形水渠，意大利、法国造园的几何形式来自建筑空间秩序和农业园艺。这个过程在其典型的景观文化语义上从原型到流变，不断地螺旋型上升，永不结束。

思考与训练："画一座山"

这是一个课堂小练习，要求每一个学习者根据个人的印象，简单画出一种具有普遍性的主题景象，例如一座山，一个村庄，一种农田风景，或更具专业性的，一个花园，一栋住宅等。比较和讨论画出的结果。

目标：展示个人对同一事物的不同想象、理解和表达的成果。越是人文的景观，越是复杂，差异性越大，也越丰富。

思考与训练："家乡印象"——文化背景与景观感知

课下收集能够表达学习者家乡景色、风光的背景资料，选择能代表个人印象深刻的家乡特征的照片（不一定是好看的）及其他影像材料或文字。调查家人、朋友、外乡人对你家乡的印象，分析、探讨景观感知的影响因素。

目标：理解自身文化背景下的对景观的理

解；思考社会与文化背景对表达景观的意义；展示在景观文化形成过程中个人经历的作用。

要求：小组工作，要求每位学习者从个人感知的角度介绍和认识家乡景观的特点，表达学习者如何认识他（她）的家乡，通过对家乡父母、亲戚、朋友和外地旅游者等不同人群的口头或网上的调查，表达他人对你的家乡的感受，分析文化背景、历史原因。从照片开始尝试分析地段的景观，绘制简单的示意图，表达家乡生活环境的景观要素和肌理，表达方式不限。

思考与训练：想象并表达你个性的景观

用文字或图片描述个人的观点：周围每天都看到的景观；儿童时期生活环境的景观；最向往的景观；认为美的和不美的景观；认为"自然"的和"不自然"的景观；认为将会到来的景观，去过的最美的地方，最想看到的景观；在你的生活中影响最深的景观。

目标：关注每个人个性景观文化的形成和特征，比较其差别，理解景观与个人经历、生长环境、家庭背景等方面的关系。

要求：小组工作。利用照片制作一些展示文件，按照一定的组织方式解释，也可以用示意性草图来表达，口头报告并讨论。

推荐读物

[1]　邱建.景观设计初步 [M]. 北京：中国建筑工业出版社，2010.

[2]　俞孔坚.景观：文化、生态与感知 [M]. 北京：科学出版社，1998.

[3]　俞孔坚.景观的含义 [J]. 时代建筑，2002，40（1）：14–17.

[4]　陈传康，伍光和，李昌文.综合自然地理学 [M]. 北京：高等教育出版社，2002:79.

[5]　王向荣.景观笔记 [M].北京：生活·读书·新知三联出版社，2019.

[6]　李晓冬，杨江善.中国空间 [M]. 北京：中国建筑工业出版社,2007.

[7]　（美）Geoffrey and Susan Jellicoe. 图解人类景观——环境塑造史论 [M]. 刘滨谊译.上海：同济大学出版社，2006.

[8]　（美）米歇尔·劳瑞.景观设计学概论 [M]. 张丹译.天津：天津大学出版社，2012.

1.2　景观认知与表达

1.2.1　阅读景观

1）认识土地与空间的景观

"景观认知"是发现那些"看不见"的客观存在的一种工具。从阅读景观开始，"阅读景观"是看到景观的一些现象和创造这种现象的动因的思维和分析方法。这个方法包含两个因素：一个是"阅读"的目的，也就是一种专业的意识和眼光，为的是控制自己的主观局限性，不去遮挡某些易被忽视的景象；另一个是理解景观由整体而复杂的系统构成，寻找构成景观的各种单元要素之间的内在联系和相互关系，避免简单的逻辑化，及其"原因"和"结果"带来的片面理解。

　　一个简单的景观阅读，是指可提取的"可视"景观因素及其原因，它包括自然和社会两方面的秩序。例如，黄土高原的丘陵景观（图1-6），因为需要光照，苹果林位于川道的南坡，窑洞聚落位于山脚，靠近道路，新建大量的梯田是因为峁顶农田已经退耕，山坳和冲沟里有很多树是因为这里湿润，峁顶上的"草地"是山川秀美工程退耕还林新植的刺槐幼林。

　　2）景观单元——空间构成的组织基础典型的

　　阅读景观的第一步是在整体环境中确立典型的标志性视觉要素，如一个悬崖，一丛树林，一块农田，一个村庄等，称之为景观单元。每一个单元中包含简单的实体要素，如石头、树木、房屋、构筑物等，称为景观要素。

　　不同的景观单元在土地空间中的分布以及相互关系的系统构成了景观格局。景观单元的分布不是偶然的，每一个景观单元的构成具有内在的逻辑关系，它们可以在多处重复出现，呈现出一定的规律和原则，例如村庄聚落的选址和空间布局结合了地域自然地貌环境下形成的景观特征，农田景观与自然条件及耕作方式有关，有呈平原的几何形网状田垄、有呈蜿蜒形的梯田。构成景观格局的单元具有多样性，构成一片森林的景观单元不是由一种植物群落构成的，城市村庄的肌理也不完全一样。

　　景观是一个系统，景观的观察是将景观单元从整体环境中提取出来，这种一致性的分辨和逻辑性的提取，能够描述土地空间景象的组织结构，分解提取的意义还在于命名每一种研究的要素单元，并作出分类，认识单元之间的复杂关系。按照这种方法，图片中的树木、果林、农田、梯田、

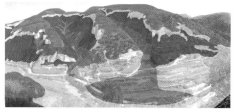

图1-6　延安雷鼓川黄土高原梁带地貌影像（2003年）照片景观要素分析：（上）原始照片；（中）不同地貌条件；（下）景观要素分布

窑洞、道路和峁顶、冲沟、土崖、川地、洼地等景观单元不是独立分开的，而是一个具有普遍性的"黄土高原山地丘陵地区"（图1-6）的"农业景观"，这是一个逻辑性的系统。它将不同单元中的要素组织起来，用一个词或短语来描述，例如南坡山梁上的果林，山脚下的窑洞村落，川道上的玉米地或谷子地，冲沟里的旱柳林和杨树林，峁顶脑畔线上的退耕刺槐幼苗林地。

　　由这种方法拓展，可以展开各种专题性的分析。观察不同类型的要素单元在地图上的形态、分布和类型，进行多学科的分层分析。这些学科包括地质、地貌、水文、植物、城市、村落、道路交通等，也可以简单地分解我们看到的土地的使用状况。这样的研究方法很有意义，避免由于知识、经历的"滤网"造成的"不可视"的景观要素和景观单元。

思考与训练：照片中的景观单元与要素分析制图

根据自然或乡村的照片，分解并用图例解析景观的每一个要素，然后制表将这些要素分类，重组景观单元要素，描述它们的逻辑关系。

目标：能够分解、组合和表达一个土地空间的景观格局。照片和制图的不同是：照片是一种客观的表达，而制图是一种主观的表达。通过比较这两种表达，我们能看到存在于制图中的"空白"，这可能是由于制图者认为现实中的这一部分没有特殊的意义，或对制图没有意义，也可能就是什么也没看见。

要求：

（1）选取几张能够代表某一种地区的景观特征的照片，学习者根据照片绘制一张图画，目的是将照片中的景相分解成不同的景观要素，并且命名。

（2）分析景观要素的分布特点和相互关系。

（3）比较、讨论照片和制图，哪些景观要素被识别，哪些没有，思考其原因。

1.2.2 景观调查

景观调查是景观认知最重要的手段和途径。景观调查的内容包括相关基础资料的收集、基地及环境的现场踏勘、社会调查。

1）景观调查的目标

景观调查的目标有两个层次，认识和理解需要调查的对象。

"认识"调查对象，就像是我们认识一个人，要知道他（她）的名字、性别、年龄、工作或学习情况，可能还有家庭背景等。另外，认识一定是有过一面之交的，也就是对外貌有一定

的印象和识别能力。景观调查是对自然或建成实体空间环境的认识。这种认识，应是通过相关资料的收集和阅读、现场观察、调查问询等方法，了解基地的位置、周围环境状况，特别是应该有一定的视觉印象，知道一些当地人的生活特点等。

"理解"可以说是进一步的认识，或者说是有目的的认识和了解。这需要更多的调查和分析来逐步实现，下面将详细介绍。

2）现场基地调查：直觉印象与专业观察

在投入到景观的分析之前，要学习现场观察。

首先，需要捕捉对场地及环境的直觉印象。可以利用场地周边的高处，如山坡、建筑物、桥体上，观察场地全貌，建立个人主观、直觉上的总体印象。这是一种人们本能所具有的深刻感受，用心捕捉和语言描述整体印象特征，是设计方案产生动人之处的关键，也是与专业性分析产生对比的先决条件。

其次，专业的观察是有意识的，需要明确的目标。如对客观环境中景观单元和景观要素的提取，这需要具备多学科的专业知识背景，掌握景观单元和景观要素的基本类型，应该避免由于自己的主观局限性，而"看不见"某些景观单元和景观要素。当然也不能有意地去命名想象中的并不存在的要素。观察过程中可以通过几个人的"全面"和"各个角度"的观察，比较对同一处的照片所表达的差异，寻找整体的景观要素。为了能够有目的地观察，应该时时刻刻地寻找并证实存在于个人主观滤网中的"白区"，不要因为已经看到过一个类似的景象，就认为已经了解了需要观察的对象。

观察的结果可以用相当简单的土地利用的术语来识别描述，例如在农村土地环境中，常用的

术语有农田、道路、村庄、河梢林、退耕还林、荒地等。更理想的描述应该更为专业和确切，这些描述将会揭示更加复杂的景观格局，例如川道上的谷子和菜地、村庄的公共空间、冲沟中的旱柳、川道上的杨树林、峁顶上的刺槐林。这可能看似普通，但却是地区可识别的景观特征。

3）图纸标注和记录

景观调查工作的第二步是明确场地的景观标志，专业地分辨不同的景观要素和景观单元的类型，及其在视域中和图纸上的相互关系，这需要现场图纸上的标注和记录，是获取第一手资料的重要方法。充分合理的准备工作是有效的现场工作的前提，应该注意三个方面，即底图的准备、标注的主要内容和标注的方法。

底图的准备。首先是制作现场调研的工作图纸，根据项目的场地规模，选取合适精度并包含场地周边一定范围环境的测绘图或航拍图。图上应有自然地物如山、水等，建筑、村庄、道路及各种设计（高压线，地下管线）的信息。其次，要进行现状图的判读，了解图例，分析地形地貌特征，标出景观标志物，如人工的道路、建筑、构筑物和自然的河流、山体和植物，对有疑惑之处也要记下来。第三，如果图纸较大，拆分成或折成易于携带和展开的形式，可以准备画夹，注意防水防潮措施。

标注的主要内容。首先是各种景观单元和要素的位置、形态、相互关系等，尽量做到全面和详尽，可以事先列出清单。有些单元和要素已经在现状图上标注，但因为图纸的测绘时间可能在许多年前，现状变化较大，需要对照调整或删除。其次是重要的视点和景观标志物，以便于进一步的视线分析。第三，照片的拍摄位置和角度，因为有大量的现场照片，很可能混淆和忘记拍摄地点。

标注的方法。建立一套标注方法和惯用图例，省时高效地记录现场情况。

4）照片拍摄

现场调研中照片拍摄可真实地记录现场实态，对照片的分析，是理解景象与人的感知之间关系的途径。下现场之前，对摄取调研对象的目的和内容应有一个计划和分类：

代表性景象，也可以说是标志性景观。每一个场地及周围环境都有一个被人们认可的标志性景观，这种代表性景观可以是一个全览的画面，也可以是一处小小的景致，如一棵古树，一处山崖，一座小庙等。现场调查中最大视域范围的总体景观，一般是俯视取景；特别注意基地及环境的典型景观，也就是地区内比较知名的景象，例如明信片、书籍绘画中经常出现的画面，或重复率和使用率较高的景象，例如网红打卡点。注意拍摄地点和角度（图1-7）。

景观单元和要素，包括构成景观格局的单元和实体要素。以黄土高原丘陵地区为例，主要有单元和实体要素分类：

地貌。包括沟、梁、峁、坎及崖畔和断裂带等地质形态，农业梯田，河流阶地，河床，水、水土流失形态，水库、河坝。

植被。包括地区所有指示性植物，不同立

图1-7 邮票中出现的颐和园的标志性景观

地条件的植物群落，并建立清单，例如，沟道、潮湿地带植物、冲积阶地植物、农田、耕地、村庄植被、庭院种植和"四荒地"、原有树林、退耕还林（草）、苗圃。

农业、畜牧业。包括主要农作物耕地、粮食作物、果林、畜牧、奶牛和耕牛、猪、大棚种植、草药种植。

道路。包括主川道上道路、拐沟川道上道路、梁峁上道路、其他道路。注意道路与村庄的关系、道路与地形的关系、道路与植被的关系、道路与视觉景观的关系以及场地原有道路遗迹、内外交通与路线、扩展方向与方式。

资源。包括水、电、能源、饲料、人畜粪便、建筑材料。

村落。包括村庄建筑、原始土窑洞、箍窑、新式窑洞、平房、楼、政府建筑、学校和医疗卫生建筑、庙宇，墙与门口、院子、灶房、厕所，猪圈、羊圈、牛圈、驴圈，菜园、花园，水井与引水工程、玉米晾晒架、村落绿化种植，水、电、电话，生活污水。注意村落布局与地貌环境的关系、平面布局、村落公共空间、入口与边界、历史变迁。

生活与活动。内容包括学校等教育的发展，集市和商业，出行与集会、集市，耕种劳动，工业、手工业，保健与健康，节日与庙会，烹饪与饮食文化，庙会与地缘关系等。

理想景观。表达当地人的思想与观念上的理想景观的典型，村落的历史与传说地段，特殊地名与地貌的关系的景象。

5）测绘与统计

测量、记录并分类统计是观察的另一内容。景观观察要求对土地的效能进行量化的测绘、记录和统计，如一种地形的坡度、平面尺寸，腐殖土厚度、物体的距离、植物种类清单和土壤的样品等。现场的一手数据不是通过研究得到的。

6）社会调查

景观所认知和表达的客观对象中，人类活动及其历史文化内涵是不可忽视的。人类是聚集在一起的，从生活居住到从事各种活动，需要不同的场所。在城市和乡村，人类的聚居就不可避免地发生着相互的联系，从而构成复杂的城市社会或乡村社会，所以景观所面对的认知、营建对象，是社会、经济、文化、政治的关系在空间上的映射。了解这些人类社会关系的特点，需要用"社会学的方法"进行调查。

（1）社会调查的主要方法包括五种：

文献调查法（Literature Research）。即历史文献法，就是收集各种文献资料、摘取有用信息、研究有关内容的方法。

实地观察法（Local Observe）。观察是一种直接的调查方法，是一切科学性工作的起点。实地观察法就是根据项目的需要，调查者有目的、有计划地运用自己的感觉器官如眼睛、耳朵等，或借助科学观察工具，直接考察研究对象，了解处于自然状态下的社会现象的方法。实地调查又可称为现场踏勘。

访问调查法（Visit Research）。又称访谈法。"访"即探望、寻求、查找，"问"即询问、追究。访问调查法就是访问者有计划地通过口头交谈等方式，直接向被调查者了解有关社会问题的调查方法。

集体访谈法（Conference Research）。就是会议法，即通过会议的形式进行集体座谈的一种调查方法，是访问调查法的一种扩展形式，它比访谈调查法更为复杂、更难掌握的调查方法。调查者不仅要有熟练的访谈技巧，更要有驾驭座谈会议的能力。

问卷调查法（Questionnaire Research）。又称问卷法，因为直接对话、收集资料和征询意见的调查方法有耗时长、花费大、效率低等缺陷，需要以标准化问题、间接调查的方法来弥补不足。所谓问卷，是指社会组织为一定的调查研究目的而统一设计的、具有一定结构和标准化问题的表格，它是社会调查中用来收集资料的一种工具。问卷调查是社会调查中应用最为广泛的方法之一。

景观认知的社会调查，不能只是收集一堆资料和数据，也绝不能仅仅通过上网浏览、文献检索的方式作分析研究，更重要的是面对真实的各类人群和环境，运用实地观察、问卷调查、访谈等社会调查方法来开展研究。

（2）景观设计中的社会学问题有哪些？

景观设计与城市规划中的社会学问题具有许多共同点，如城市空间的社会记忆问题、城市规划中的居民参与问题、城市街道的人性化问题、公共交往空间问题、城市交通出行问题等。

景观设计中的社会问题，普遍地存在于公众的景观感知和表达方式之中。对于一个区域或一个地段的标志性景象，居民和非当地居民的认识可能是不一样的。例如，来自山地的城镇居民认为城市空间中最美的地方可能是宽阔平坦的广场，而来自平原地区的设计师偏偏认为山地丘陵景观是最有价值的形态，因而，当地人认为的"宝贵"的平坦坝子被设计成台地造型，结果设计方案被当地的政府、开发商"莫名其妙"地"枪毙"掉。又比如，干旱地区的居民往往最喜爱水的景观，因为稀少，所以珍贵。设计水体景观往往是很多干旱地区城镇景观设计项目中的要求，而专家认为不应浪费水资源而设计水景。所以，专家、设计师，

这些外地人，与当地居民甚至政府（基层政府人员往往也是当地人）存在认知上的差异。

所以，有必要对当地人的景观价值意识和理想景观印象进行有意识地了解和理解，这需要通过有目的的观察和调查才能获得。

1.2.3 景观演进

在现场调查完成后，进一步的景观认知就需要专业的分析。其中，基地的景观演进及对其动因的理解，是发现机遇和问题的重要手段。

1）演进——对未来的预测

景观是不断变化的，今天看到的景象只是随时间演进过程中的一个节点，景观设计需要关注时间，需要了解景观的变化规律和驱动力。

对景观演进进行分析，是描述土地空间景象发展变化的可能状况。在新中国 70 多年的发展建设期间，人口增加、生活方式改变、城镇化建设以及道路交通发展等，是导致土地空间景象发展变化的主要动因。这些变化直接作用于土地空间，促使土地利用或土地覆盖格局产生变化，其显现性的特征结构也反映了生态系统的安全性能。大量案例研究表明：土地利用及覆盖的变化是在自然的生物、物理条件与人类社会因素的共同作用下，在不同时空尺度中所表现出来的一系列景象，它表现为景观单元和要素在土地空间中的内容、形态、功能、分布及其相互构成关系，就是景观格局的演进变化。

景观的演进研究是基于当前的实态，分析格局演进变化的驱动力，对未来发展的可能状态给予预测，用以判断和评价当前状态的挑战和机遇。

2）演进动因

景观格局是由景观单元和要素按照一定的空间关系构成的，这种外在的关系取决于自然和社会两方面的内在秩序。其中，地质、土壤、气候、水文条件的变化，植物群落的自然演替所表现的自然秩序；土地利用制度和经济体制的更替，技术的进步，人类社会行为的改变，土地利用方式的不断变化所代表的社会秩序，自然和社会秩序使得土地空间的景观格局在一定的时间内向着一个目标不断演进。目前，人类活动是人居环境景观格局演进的主体动因。

自然影响因素。自然影响因素与社会影响因素相比，往往不在一个时间或空间尺度上产生作用。地质、土壤条件变化，气候变化，水文条件变化在一定的相当长的时间内是相对稳定的，作为影响景观格局形成的一种内在秩序而存在但对于黄土高原，水土流失是自然土地空间变化的重要表现，水土流失量大，地貌的新构造运动剧烈，明显表现在水力、重力和风力等因素的侵蚀上，例如渭北黄土高原沟壑区沟头每年以1到3米的速度溯蚀塬面，对村庄的建设起着重要的影响作用。

自然本身的演替在时间上是有规律的。我们目前看到的植被群落更多是一种次生演替，不同的自然地理区域和条件，自然演替到达同样的状态所需要的时间不等。湿地、湿润地演替速度较快，从一个自然池塘自然演变成柳树或桦树林需要70年的时间。弃耕良田从草丛演替成为树林需要40～60年。海拔1500米地区达到自然演替顶级状态（climax）需要100～200年，海拔2200米地区的演替过程则需要上千年。因而在人居环境景观生态安全的研究中，景观格局中的自然演替要素或单元需要被解析、评价，并得以保护。

人类活动影响因素。人类的干扰较之自然演替的速度要快得多，人的活动对自然的影响通常具有瞬间的颠覆性作用。研究成果表明，人类自科学发展和工业化生产以来，对自然环境的干扰影响巨大，一份来自世界自然保护联盟红色名录的报告统计，1500年至2020年灭绝的物种数量达900种。社会影响因素是构成生态环境威胁的主导因素，也是分析景观格局演进的主要动因。

人的干扰状况分为直接干扰和间接干扰。直接干扰表现为物质空间上的影响，如垦荒、耕种、畜牧、建筑建造、道路、水库、采矿、人工种植。间接干扰，是不同的技术措施、社会风习和意识、管理体制和水平等因素，以不同的途径影响土地物质空间景观。了解历史和时代背景，有利于我们观察分析现状景观格局的形成。

3）时间跨度

人类社会经济发展落后时期，人们对土地的利用方式单一，土地空间格局的变化相对很小。中华人民共和国成立以来，前30年人居环境建设基本处于缓慢发展的状态，表现在土地利用的方式、村镇聚落的规模和建设方式上，以农业为主，产业结构单一，景观格局处于较为稳定的状态。改革开放后，特别是近30年来，社会经济发展迅猛，城镇化建设发展加速，土地利用方式在不同尺度上均不断变化，这是中国历史上经济发展最快、对自然的干扰力度最强的时期。所以景观格局演进分析中时间点和跨度的选择，主要以人类干扰影响强度来判定。

图1-8所示是黄土高原山地丘陵地区景观演进的分析。

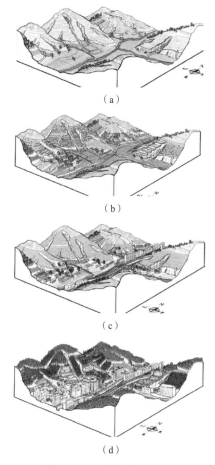

图 1-8 景观格局演进分析
（a）原始地貌；（b）20 世纪 70 年代村落；
（c）2003 年城市化建设；（d）预测 2020 年

1.2.4 景观表达——分析和理解的过程

1）平面形式

一张设计平面图代表了一种想法，是对一个概念的展示。景观设计常用的几种平面图包括：

（1）卫星照片或航拍照片，记录某一时刻详细真实的影像信息，但这不是有目标系统性的表达，还需要专业的判读和整理；

（2）地形图，通过测量及专业图例表达地物信息的图；

（3）地理信息系统 GIS；

（4）绘制平面图，只表现某类用途的信息。比如城市交通地图、城市旅游景点分布图以及专业绘制的各种平面图，另外还有抽象平面图、结构图和示意图等类型的平面图。

其中，地形图是展开工作和思考的基础图形资料，是景观设计中非常重要的工具。它具有标准的比例尺、定位坐标系统，可规范地表达地貌地物等信息。一般的地形图是根据专业图例方法绘制的，图例的内容和设置是根据不同比例来确定的。例如我们现在用的地形图，通过阅读等高线，可判别出基本的地貌单元、各类景观单元和要素、地形的肌理、水文系统等信息。景观设计师应该能够熟练地提取地形图所表达的以上各种信息，同时，图纸能够服务于现场踏勘的多种多样的信息记录，是绘制各种分析图和方案设计图的底图。

地形图的景观分析是在图纸上进行的一种主题性的分析，例如分解和提取景观单元和要素，依据地图上的图例判读，针对其中某一类型的景观单元或景观要素，通过分析绘制，表达其在图面上的位置分布和形态。例如道路和村落、某类特殊环境中的植物群落、人行活动分布点等，主题和景观单元要素要对应。另外，多学科的分析也是重要的主题内容，如地质、地貌、水文、植物等。也可以简单地分解土地的使用状况。分解式分析的作用在于可以命名每一种将要研究的单元或要素，并得出其分布规律。

地形图的比例代表着图纸内容的深度。调查分析主要是以地形图为基础展开的。面对不同土地空间的尺度，应该选取不同比例的地形图，因为比例尺在地图内容的完备性、详细性和精确性方面起着重要作用。

五十万分之一比例尺的地形图主要用于较大河流流域的整体分析，水系、地貌等自然环境的区位分析和县域、城市行政关系的分析，例如关中平原地区，大城市的市域范围的研究。十万分之一和五万分之一比例尺的地形图表达的信息量基本相同，这一比例地形图主要用于小流域或乡镇行政界域的规模范围。一万

分之一和五千分之一比例尺地形图是供现场调查和标注之用的，这是表达研究人体行为尺度与地貌空间关系的最小的比例尺度，是能够在现场观察中容易辨认核对地貌、地物的尺度关系，进一步分析景观要素和景观单元构成、形态和分布的地形图。二千分之一、一千分之一至五百分之一比例尺的地形图，是专业设计常用的比例，用来绘制场地布局的总平面图，或周围环境关系分析的比例。该比例尺图纸可以用来进行典型地段的详细设计工作（表 1-1）。

表 1-1　不同比例地形图的主要用途

地图比例	数字比例	图上 10 毫米相当于实际长度	规模范围	主要用途
五十万分之一	1:500 000	5km	大于 500 平方公里	水系、地貌、植被的整体区域性分析，例如城市及周边区域、风景区
十万分之一或五万分之一	1:100 000 或 1:50 000	1km 500m	50 ~ 500 平方公里	小流域与乡镇行政界域的尺度，可进行景观单元和要素的提取，景观格局分析
一万分之一或五千分之一	1:10 000 或 1:5 000	100m 50m	2 ~ 50 平方公里	景观单元和要素的提取，景观格局分析 现场调查记录和标注 典型地段和村落环境
二千分之一、一千分之一、五百分之一	1:2 000、1:1 000、1:5 00	20m 10m 5m	2 平方公里以内	现场调查记录和标注 基地总平面，地段及周围环境 详细地段设计

地形图上的地形、地貌解读主要是通过等高线和高程坐标点的判读，等高线的基本概念和判读经验，是地形研究的关键。一般地形图的信息量能够较为全面地满足这一分析（图 1-9）。地形分析工作是对一个地段的主要地貌类型及其基本空间形态特征的了解，因为不同的地貌、地形对动植物等生物群落的生长演替有着重要的影响。

地物类型、形态、位置及分布规律的分析工作是景观单元构成分析的难点和关键，因为地形图是对地物实体的描述绘制，表达非常具象，而景观单元是由一个或多个地物实体要素

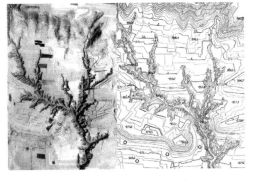

图 1-9　地形图与航拍照片

构成的一个景观组织。另外，作为景观要素中的重要内容的动植物群落，在地形图上表达的

信息量不够，因而景观单元的分析首先需了解其构成的基本内容和性质，然后就需要现场调查和核实。

千层饼图式系统分析。这是一种较为传统的基于分类、解析的方法，是将景观要素按照类型分解表达的分析方法，目的是对土地景观各类要素的内容、形态及分布进行分析，这能帮助我们认识、了解土地的内容和特征，认识土地空间景观格局的，但对于景观格局整体的、动态的结构表现不够，并缺乏各系统间的相互关系的表达。

2）剖面形式

景观的剖面分析用于展示土地地貌和景观要素之间的空间分布关系、空间尺度和一定的视觉感知关系，特别是在表达地质结构、地貌、地带型景观要素之间的关系方面，具有很好的说服力。剖面分析适用于各种尺度的研究，对于景观内涵的表达有很明确的视觉形象效果，但是受尺度限制，只对主体景观要素具有说服力（图1-10）。

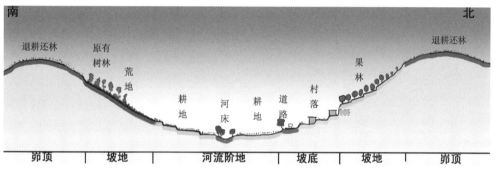

图 1-10 剖面的绘制

景观的剖面分析工作中，为了直观表达空间类型和关系，有时要"增加"多倍的垂直方向的比例，这需要标注两个方向上比例尺度的不同，随后要注意在布置其他景物要素时的比例关系。

剖面上用到的图例主要表达高度和宽度，宽度代表物体占有地面的大小，高度意味着海拔、视线，空间的封闭、开敞度等因素。剖面还可以表达地下的地质、工程构造等内容。

3）轴剖块形式

轴剖块在表达景观现状要素之间关系方面，具有直觉感、整体性强的特点，它是三维的，同时可以表现平面和剖面甚至更多的信息，这种轴剖块可以是概念性的，也可以是具体实际的。绘制景观轴剖块的目的是表达基地或者某类土地空间景观单元和要素与其附着的地形之间的组织关系。

轴剖块绘制的几种方法：

（1）根据一张照片和一张地形图，用鸟瞰透视或轴测的方法画出地形的体块，或者用计算机 Sketchup 或 3D 软件绘制，或者制作实体模型。

（2）依据照片和地形图，选取主要的景观单元，确定它们的边界的位置，例如森林、城镇和农田等。

（3）绘制有意义的细部。在绘制轴剖块时，细节的现状要素不是最重要的，应该注重的是重要景观要素和整体的关系。有时候，用几个轴块分别表示不同景观要素系统的结构关系，例如植物、河流、人居聚落等（图1-11）。

图 1-11　轴剖块的绘制
（a）平面图；（b）实地照片；（c）轴剖图

4）透视图

透视图主要关注项目要表达的特殊的、重要的、敏感的目标，根据目的和功能可分为多种方式。因为透视关系，使得图形方面的信息传递不是很明确，一般不用作表达平面比例关系的分析图。但是，从视点观察到各种景观要素的层级关系，透视图分析是唯一一种方法途径。例如在观景点设计中，透视方法是选取视点位置和视觉景象分析的重要途径。或者是表达气氛、效果，一种一般意义上的舞台戏剧视觉场景效果；或者是用来表达项目的设计意图。

5）照片的景观分析与表达

运用计算机或平板电脑的绘图软件，调选典型景观照片，通过对照片和地形图上的判读，选择不同颜色作为图例，透明覆盖景观要素及空间单元，将地形地貌与景观要素的构成分布

图 1-12　照片上的景观分析

形象地表达出来（图 1-12）。

利用现状照片，通过绘图软件处理，将设计内容绘制在照片上，这样的表达效果更为真实，也更能表达设计者的风格。这也是用来表达景观设计最终效果的方法。道路是人们感知土地景观特色的主要场所，道路上的视线分析，使我们能够得到人们日常生活中"习以为常""司空见惯"的景观形态，帮助我们了解和发现当地人生活空间中的景观环境、土地自然空间之间的关系和问题，以及外乡人的土地景观认知的角度及其场所。

思考与训练：地形图判读训练

目标：地形图判读包括两方面的内容，一是地形地貌的类型及空间分布特征，二是地物类型、形态、位置及分布规律。

寻找一张地形图进行判读练习，学习熟记图中表达方向、坐标、等高线和各种地物图例的含义，理解地形图所表达的所有信息。

要求：作纵横两个剖面的绘制，了解基地景观调研前的图纸判读分析的准备工作，标注重要标志物和地形空间的特点。

思考与训练：景观的观察与表达

目标：景观阅读和绘图，分析景观的结构关系，编制图形文件和文字。在不了解现场或没有照片的情况下，学习观察的方法。

要求：

（1）根据现场或照片，寻找分析景观信息的特点和等级。

（2）分析独特的和有关联的景观要素和景观要素系统。

（3）重新认识景观演进过程中的痕迹。

（4）利用各种方式有效地表达分析成果。

该训练要结合第四部分的城市景观设计的理论学习和调研准备工作。

推荐读物

[1]　李和平，李浩 . 城市规划社会调查方法 [M].北京：中国建筑工业出版社，2004：331.

[2]　李津逵，李迪华 . 对土地与社会的观察与思考——"景观社会学"教学案例 [M].北京：高等教育出版社，2008：265.

1.3　多学科知识

景观设计是为了提高人类的生活环境品质，它包含文化与自然两个方面的内涵。在生态学运动出现前，西方人的共同观点经常将人类与自然分离，而东方哲学强调人与自然的融合。历史上不同时期、不同民族文化和不同自然条件下的传统花园，不论东方还是西方，都表现了人们的审美追求在空间外在秩序上的表达，是一种征服。自然是表现在物种群落依托物质生存环境条件下的自生演替、栖息漂移的规律，它不以人的意志为转移，这是一种自由。人为的审美形态和自然的内在规律这两种秩序，在我们的生活空间建造过程中相对并相联。

无论是意大利、法国的规则几何式的空间格局，还是中国、英国的非几何规则式的空间构图，都蕴藏了不同民族地区的审美与文化在空间秩序上的表现（图 1-13）。在 14 世纪意大利文艺复兴运动中，水流从山顶穿过花园，精剪的灌木和几何形栽植的花园，代表了艺术家来自自然和征服的创造能力。自然和文化以特定的比例构图体现在空间秩序上，并在人们的视觉中展开。东方典型的"自然式"造园是真正自然的人工缩景或抽象性象征，从皇家园林、私家园林到寺庙园林，是文化寓意上的空间形态表现，与绘画、文学和戏剧密切相关。明代计成《园冶》中说"三分匠人，七分主人"，这里的主人指设计者，都是山水画家，也是文人，造园活动是他们追求的人生境界在空间景象上的构想和表达。

不论东西方，这一时期自然与文化的关系，可以说，表现为视觉和构图所创造的审美秩序。

1.3.1　影响景观的自然秩序

所谓自然，是一种内在的秩序。原始的自然，是绝不会被人类所干扰的，这种现实在今天几乎消失了；被干扰的自然源于人类的压力，

图 1-13　历史上的花园（左上：意大利 Villa d'Este 艾斯塔花园，右上：法国 Vaux-le-Viconte 维康府邸花园，左下：拙政园冬景，右下：英国 Stourhead Park）

它可能是无意的或者间接的；恢复中的自然，是被自然"自然而然"记起的地方；恢复过的自然，是通过自然演替已经达到一种平衡状态，被称作"顶级状态"（climax）；人工自然，是一种人工的生境营造，通过人工营建而改变的水文、土壤、地形和微气候等因素，创造一种生态系统和生物群落的栖息生境。所以，自然的含义不是植物绿化的曲线图案造型，而是能够反映一种自然界本身内在规律的客观现实。

今天的景观设计正在致力于寻找表达自然内在秩序的途径，生态文明使得审美价值有了改变。前面所说的阅读景观，是理解景观外在形态的内在原因，即理解自然演进的动力。虽

然受人类活动的干扰，各种环境以其自然规律和秩序通过不同的方式继续演变。人类认识自然界的成果表现为各个自然学科的形成及其发展，如地理学、地质学、地貌学、气候气象学、水文学、土壤学、植物学、动物学、海洋学等，这些学科也是帮助我们认识景观自然特点的媒介。另外，从综合系统性的角度认识世界，是生态学学科兴起发展的必然。

每个学科都很庞大而复杂，建立相关自然、人文学科知识与景观设计方案的桥梁，需要一个过程，具备各学科基本知识而建构个人的专业认知体系，这些知识可运用在风景资源保护、展示和景观营造等方面。

那么，如何学习相关学科的知识呢？可以确立三个主要内容和目标：一是了解各个学科的主要研究内容和一些基本概念，这可以帮助我们科学地认识和评价景观项目场地的地质地貌、植物动物、土壤水文等方面的特点和形成原因，理解其学科价值和意义；二是理解景观内在的系统性和相关性，就是自然学科之间的相互关系和作用；三是运用基本知识和术语，展开与相关学科的专业人员的有效合作。

1）自然秩序——不依人的意志而客观地存在着

（1）自然地理学——认识地球表层的地域差异特征

自然地理学研究地球表层的自然地理环境，它是地理学（Geography）的分科。学习该学科的基本知识，能够让我们认识、理解地球表层这一人类赖以生存的环境。首先，了解构成自然地理环境的自然地理要素，包含气候、地貌、水文、土壤、植被和动物等，理解它们的特征、形成机制和发展规律以及它们之间的相互关系，彼此间物质循环和能量转化的动态过程，整体上阐明其变化发展规律。其次，了解自然地理环境的空间分异规律，从而了解自然地理分区和土地类型划分，了解各级自然区和各种土地类型的特征和开发、利用方向。第三，该学科知识帮助我们理解规划设计用地的自然条件，是对其进行自然资源评价的基础。

认识自然地理环境的地域分布规律，即地理空间规律，十分重要。它是指自然地理环境整体及其组成要素在某个确定方向上保持特征的相对一致，而在另一个方向上表现出差异性，因而发生更替的规律。一般公认地域分异规律包括纬度地带性和非纬度地带性两类，分别简称地带性规律和非地带性规律，非地带性分异又包括因距海远近不同形成的气候干湿分异和因山地海拔增加而形成的垂直带分异两个方面，这是认识、分辨不同地区自然环境条件及特征的重要基础知识（图 1-14）。另外还需了解地域分异的尺度，全球性地域分异，全海洋与全大陆地域分异，区域性地域分异，中尺度地域分异和小尺度地域分异的概念。

因而地表自然界受不同尺度的地带性和非地带性地域分异规律的作用，可划分成不同等级的自然区，也就是自然区划，例如我国综合自然区划分为三个大的自然区，即东北季风区、内蒙古—新疆（西北）干旱区和青藏高原区，其自然特征表现在不同的气候、水文、地貌、土壤、植被等方面（表 1-2）。

自然地理学知识是进一步学习了解其他自然学科的重要基础，如生态学、地质学、地貌学、气候气象学、水文学、土壤学和植物学等。

（2）生态学——认识生物与其栖息环境的关系

生态学（Ecology）是今天风景园林学科的主干学科之一，它是研究生物与环境及生物与生物之间相互关系的学科。生物的生存、活动、繁殖需要一定的空间、物质与能量。生物在长期进化过程中，逐渐形成了对周围环境中某些物理条件和化学成分，如空气、光照、水分、热量和无机盐等的特殊需要。各种生物所需要的物质、能量以及它们所适应的理化条件是不同的，这种特性称为物种的生态特性。

任何生物的生存都不是孤立的：同种个体之间有互助，有竞争；植物、动物、微生物之间也存在复杂的相生相克关系。人类为满足自身的需要，不断改造环境，环境反过来又影响

地理环境及其生物群落
根据纬度和海拔的分布索引图

8 800 m

在阿尔卑斯山，海拔每升高100米等于向极地靠近100

常年积雪区

6 000 m　　生物圈的极限

在阿尔卑斯山的2900m处

（海拔5000米，生物栖息的极限）

●深度冻土
●一些昆虫（蝗虫）
●少有哺乳动物

Bm=6 P=2

苔原
（高山草甸）

（在北极，270个植物种群，表现在：
●少有的地方物种
●植物种类贫乏【只有1000种】
●常年冻土
●年降雨量200-300毫米
●经常性飓风
●6个月的黑夜
●6个月的白天）

4 000 m

在阿尔卑斯山的2200米处

寒带针叶林（【俄】泰加森林）

●物种丰富（地层整体林业）
●土壤贫瘠（很厚的枯枝落叶降解程度低）

●适应寒冷气候的球果植物和针叶树类
●菌根的生长条件
●大量的食植动物

3 000 m

温带落叶阔叶林

降雨量：750-1500毫米
四季分明

Bm=300 P=13

2 500 m

地中海
（北纬35度）

生物群落的复杂性
●干旱期的夏天>3个月
●栎树林，松林，常绿矮灌木丛，密林

Bm=300 P=3

沙漠

降雨量：小于200毫米
昼夜温差极大

Bm=0.2 P=0.03

1 500 m

45°

热带雨林

●降雨量1800毫米
●有种类极多的食植动物（高生物多样性）

Bm=450 P=20

热带草原

●生长者大量的禾本科植物
●有少量的树木
●为数众多的肉食动物

Bm=40 P=7

温带草原

降雨量不适合禾本科植物生长（250-750毫米）

Bm=15 P=5

Bm：在一公顷干燥土地上的生物质（吨）

P：每公顷干燥土地上每年的生产力（吨）

海拔（一座山的逐步攀升）

0°　　15°　　30°　　55°　65°　　90°

纬度（从赤道到北极）

图 1-14　地理环境及其生物群落类型

表 1-2　中国三大自然区的主要特征

自然区名称	（1）东部季风区	（2）西北干旱区	（3）青藏高原区
1. 占全国面积百分数 /%	46.0	27.3	26.7
2. 决定自然界地域分异的主导因素	随纬度变化的热量与温度的地域差异（秦岭 – 淮河以北，湿润情况的地域差异也相当重要）	随去海距离而变化的湿润状况的地域差异（干湿度分带性）	自然界随高度而变化的垂直带性
3. 新构造运动及地势	上升幅度一般不大，钦州—郑州—北京—欧浦一线以东以沉降为主。大部分地面海拔在 1000m 以下，沉降区多在 500m 以下	显著的差别上升运动，海拔 1 000m 左右的平地和横亘其中的山脉	大幅度上升的世界最大高原，海拔在 4 500m 以上，有许多高山超过雪线
4. 气候	夏季季风影响显著，湿润程度较高	干旱和半干旱	空气稀薄，温度低，太阳辐射强，降水不多，风力强烈
5. 水文	地表水以雨水为主要补给来源，潜水相当多	绝大部分属内陆流域，多暂时性水流，有不少湖泊（主要为咸水湖），山地径流为特别重要的资源，潜水不丰富	大部为内陆流域，有不少冰川和湖泊
6. 地貌外营力	常态的风化、物质移动、水力侵蚀与堆积、溶蚀，沿海有波浪和潮汐作用，高山有冻裂作用，部分地域有风沙	微弱的风化、物质移动、水力侵蚀和堆积，广泛的风蚀和堆积，山地冰川蚀积及冰缘风化、物质移动和侵蚀	物理风化与物质移动较强烈，冰川和流水的搬运与堆积
7. 土壤	土壤剖面发育较好，机械组成较细，腐殖质含量较高，可溶盐分较少，区内差异很大	机械组成较粗，有机质含量有限，可溶盐分较高	化学风化微弱，成土母质的机械组成很粗，土壤剖面发育很差
8. 植被	森林为主，部分为草原	荒漠为主，部分为荒漠草原和干草原，高山有森林和高山草原	荒漠、草原与草甸为主，山地及谷地中有森林
9. 植物区系	植物区系在第四纪冰期受冰川破坏作用不大，植物种类繁多，分布较混杂	中生代末期以来断续出现干旱半干旱气候，植物逐渐干生化，植物种属少	第四纪冰期后在上升过程中形成，与蒙新高原植物关系较少，植物种属很少
10. 遗存性因素	第四纪冰川作用范围甚小，生物种类繁复，有不少中生代末及第三纪植物，红色古风化壳分布广，长江以南尤为发达	外营力较弱，构造地貌保存较好，第四纪中曾有较湿润时期，有些地方古代水系发达，3500m 以上有第四纪冰川遗迹	第四纪冰川遗迹广泛分布
11. 人文因素	人类影响深刻而广泛，可开垦的地方大半辟为农田，天然森林大部分被破坏，水文、小气候也因人类活动而变化	人类影响远较东部季风区小，只在内蒙古、宁夏及有高山流水可资灌溉的地方影响较大	人类影响非常微小
12. 土地利用方向及利用与改造自然的主要问题	我国最主要的农业地域，大半为山岭、丘陵，林业应大规模发展，畜牧业亦应显著扩大	绿洲发展农业，干草原与荒漠草原发展畜牧，山地部分宜林牧，主要问题是水源保证，固沙与防止盐渍化	以畜牧为主，少数地方可发展农林业，主要问题是热量不足，风大，土壤质粗层薄

资料来源：伍光和，王乃昂等 . 自然地理学（第四版）[M]. 北京：高等教育出版社，2008:487–489.

人类。生态学的一般规律大致可从种群、群落、生态系统和人与环境的关系四个方面说明。随着人类活动范围的扩大与多样化，人类与环境的关系问题越来越突出。因此，近代生态学研究的范围，除生物个体、种群和生物群落外，已扩大到包括人类社会在内的多种类型生态系统的复合系统。人类面临的人口、资源、环境等几大问题都是生态学的研究内容。

在环境无明显变化的条件下，种群数量有保持稳定的趋势。一个种群所栖环境的空间和资源是有限的，只能承载一定数量的生物，承载量接近饱和时，如果种群数量（密度）再增加，增长率则会下降乃至出现负值，使种群数量减少；而当种群数量（密度）减少到一定限度时，增长率会再度上升，最终使种群数量达到该环境允许的稳定水平。

一个生物群落中的任何物种都与其他物种存在着相互依赖和相互制约的关系。常见的有：如食物链中居于相邻环节的两物种的数量比例有保持相对稳定的趋势。捕食者和被捕食者之间的数量保持相对稳定；物种间常因利用同一资源而发生竞争，如植物间争光、争空间、争水、争土壤养分，动物间争食物、争栖居地等。在长期进化中，竞争促进了物种的生态特性的分化，结果使竞争关系得到缓和，并使生物群落产生出一定的结构，例如森林中既有高大喜阳的乔木，又有矮小耐阴的灌木，各得其所，林中动物或有昼出夜出之分，或有食性差异，互不干扰；动物、植物和微生物之间存在互利共生，如地衣中菌藻相依为生，大型草食动物依赖胃肠道中寄生的微生物帮助消化以及蚁和蚜虫的共生关系等，都表现了物种间的相互依赖的关系。以上几种关系使生物群落表现出复杂而稳定的结构，即生态平衡，平衡的破坏可能

导致某种生物资源的永久性丧失。

生态系统自身有组织地占领了土地。考虑到生态系统整体的内在关系，一片土地的景观表达了一种异质的、复杂的、有生命的演进，生态学能够研究这些现象，但对于另一层次的组织形式，缺少可感知性，如径流空间以及生态能量等群体形成的各种动因，所有这些特殊的生态上的相互联系，可表现为一个景观组织中的空间结构。

土地空间的景观是由不同要素及其形态位置以及它们之间的关系所构成的，这些要素的整体性、系统性和它们的分布构成景观的空间结构。生态学科的知识和方法帮助我们查清这些要素，与景观认知最为密切的是外表的显现性特征要素，这种要素可能来源于一种同质的立地条件，可能是一片荒地、一片农田、一片丛林或这一座村庄和城镇。

（3）景观生态学——生态系统及其过程的土地空间格局

景观生态学是生态学和地理学的交叉学科，也是生态学的分支。生态学更多地表现物种群落和栖息环境之间的关系及过程，而景观生态学是研究这个关系和过程在空间中的表现。

景观格局是景观单元和景观要素在土地空间中的有组织的逻辑性描述。景观生态学家已经在探索群落的空间排列、格局与功能了。斑块、廊道、基质等景观生态学概念的应用，可以帮助景观设计师和规划师理解景观中人类相互作用的模式。

"基质"是整个领域范围内联系最广、最紧密的生态元素（一个生态系统或是以生态系统形式组成的一个填补物），这并不意味着"基质"是一个同类的实体，它可以是草地、城市组织、农田、森林。

"斑块"是指一块块镶嵌在基质上并与基质景观特点不同的岛状土地，有时候是一个原有基质的残留，如在大片农田中一处遗留的原始林地。或者相反，如火灾或水灾对一大片原始森林的侵蚀所形成的裸露土地。

"廊道"是土地上的线形元素。它们可以像河流或者地质带那样自然，也可以像马路或植物篱一样人工化。它们在生态上起重要的连接或分割的作用，因为它们将不同的"基质"和"斑块"联系在一起，如果它们的成分或它们的物质特性与"基质"具有根本性的不同，那它们会在一个共同的环境因素下进行纵向的交换和横向的限制（图1-15）。

图1-16是一个约1km×1km大小的乡村环境土地空间景观单元，表现了其内在生态秩序和人类活动的痕迹。基质之上是由于自然的干扰或人类的活动使用后形成的斑块，如一小片树林、一个独立的小牧场、一块弃耕的农田，这些斑块也许是早先的基质遗留下来的，或者是一些干扰因素留下的痕迹。

用于描述整体景观和景观组织结构的两个主要因素是"尺度"和"空间分布"。不同尺度上的景观单元内容及其组织方式是不一样的。例如，庭院尺度包含住宅和它所需的院落空间；社区尺度包含一个村落或一个街区；地理区域尺度可以是一个小流域，或山体的一个

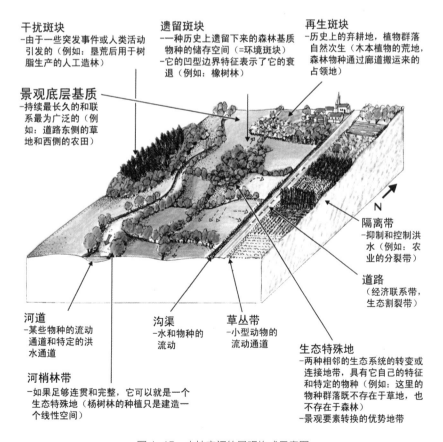

图1-15 土地空间的景观构成示意图

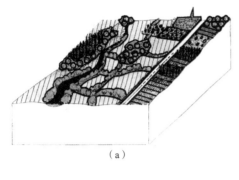

（a）

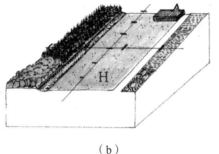

（b）

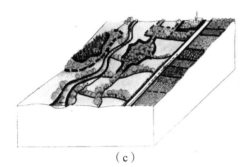

（c）

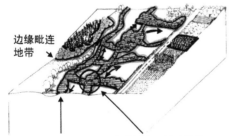

边缘毗连
地带

林带灌丛的廊道网络使
得落叶林与其他景观具
有优质的交接界面

廊道结点：特殊属性
地带的核心

（d）

图 1-16　景观格局分析示意图：
（a）空间多样性和异质性；（b）同质性；
（c）复杂性；（d）相邻性和关联性

坡面；地区尺度可包含一个自然地理单元的整体，如一条山脉，一个高原或一个气候植被带。景观要素在空间的组成和分布形成景观结构。景观结构的组织特点具有不同的描述方式，例如景观多样性，描述在一个空间单位中不同植物物种资源数目种类的多少；规律性，是指同质性和异质性景观要素在单元中的分布规律和特征；联系性，指相似要素或者不同要素之间在空间和生物群落间的联系；等级性，用以说明景观要素在不同尺度、覆盖比例以及生态系统中的重要性。所以，景观生态学是研究景观格局和景观过程及其变化的科学。

景观格局分析包括：

空间多样性图 1-16（a）: 空间多样性展示一定数量的明显的不同生态要素，占有的表层空间是均衡的，这是景观多样性的状态。

异质性图 1-16（b）: 异质性展示生态要素的自然分布方式。当这些斑块单元出现的数量越多，分布越分散并具有偶然性时，景观异质性越好。这时，生态位多样，生物多样性上升。但从视觉上看，这样的景观也许表现得非常杂乱。图 1-16（b）表现的景观空间特征为同质性，景观多样性差，生物多样性降低。

复杂性图 1-16（c）: 复杂性展示景观的构成要素之间联系的自然性和持久性。这些联系越长久，差别越大，并且单元的外轮廓越长、越弯曲，景观单元之间的交流就会越多，生态边缘效应越大，生物景观越丰富。

相邻性和关联性图 1-16（d）: 相邻性和关联性决定景观生态要素之间交流的强度，它使物种交替和基因混合。边缘性衡量相邻的不同要素之间的空间关系。联系性是通过廊道保证连接各种斑块的关系。廊道的自然性和数量取决于物种穿越景观的分散特征。

2）学习相关自然学科

除了自然地理学、生态学和景观生态学，我们还要学习其他自然科学知识。

（1）地质构造——生存环境原始创造者

地质构造是地貌形态的骨架，在地质构造的影响下，出现了各类构造地貌。地质学与其他学科共同构成土地空间的整体景观特点，同时，地质是影响地貌、土壤、小气候乃至动植物物种及群落分布的最基本的条件和因素。研究地质构造的学科是地质学（Geology），它主要是研究地球最外表部分的地壳的组成及其所发生的地质作用以及现象。

所谓的地质构造和地质作用，就是地球表层的岩层和岩体在形成过程中及形成以后，都会受到各种地质作用力的影响，有的大体上保持了形成时的原始状态，有的则产生了形变。它们具有复杂的空间组合形态，即各种地质构造。断裂和褶皱是地质构造的两种最基本形式。板块运动被认为是使地壳表层发生位置移动，出现断裂、褶皱以及引起地震、岩浆活动和岩石变质等地质作用的总原因，这些地质作用总称为内力地质作用。内力地质作用改变着地壳的构造，同时为地貌的形成打下基础。

地质作用强烈地影响着气候以及水资源与土壤的分布，创造出了适于人类生存的环境。这种良好环境的出现，是地球大气圈、水圈和岩石圈演化到一定阶段的产物。地质作用也会给人带来危害，如地震、火山爆发、洪水泛滥等。人类无力改变地质作用的规律，但可以认识和运用这些规律，使之向有利于人的方向发展，防患于未然。如预报、预防地质灾害的发生，就有可能减轻损失。中国在古代就有"束水攻沙"，引黄河水灌溉淤田压碱等经验，是利用河流的地质作用取得成功的例子。

地质学与景观认知的关系表现在两个方面：

首先，地质景观的认知、保护展示和合理建设。具有特殊和普遍性代表价值的地质景观，可以作为景物成为视觉景点，通过流线、观景点的设计引导，向人们展示其科学和视觉感受方面的景观价值。这需要设计者与地质专家合作，理解其价值的特点，确定保护、展示和建设的方式。

其次，地质对国土建设开发有着重要作用。工程建设上，一些重大的工程如钻隧道、蓄水、筑坝、建筑及石材开采等，均需依赖地质学的帮助，先了解其与地层、地质构造及岩石性质的关系等，工程始可顺利完成。

人类每天饮用的地下水，居于地表之下，而其地下水水源位置、储量丰富程度、分布状况等与地层的结构、性质及构造息息相关。认识和保护地下水源，也是保护地区生态系统的重要部分。

农业和造林种植方面，土壤对农作物和植物成长影响很大，而土壤的性质及成分，是岩石风化的结果。了解土壤的一切，必须有丰富的地质知识。

道路交通方面，铁路及公路的选线、路基及山洞的勘定，首先需地质岩性坚硬的岩层，需避免经过断层带，防止日后崩塌。位于铁路、公路沿线的矿产开发，更与铁路及公路的兴建路线和运输事业息息相关。

（2）地貌——生存环境的空间容器

地貌是地理环境中的重要因素，即地表各形态的总称。这些地球表面的形态特征、成因、分布及其形成发育的规律，是地貌学（Geomorphology）研究的范畴。地貌与人类生活生产和生态环境特征关系极为密切。学习地貌类型及其成因是了解区域性景观特征的基础，是进行资源评价、保护和合理利用土地的基础条件。

对地貌的认识需要以下几个方面的分析：

首先需要了解地貌的不同类型的特征及其基本成因。按照形态特征可以分为山地、丘陵、高原、平原、盆地等；根据地貌成因差异分为构造地貌、风化作用与坡地重力地貌、侵蚀地貌、河流地貌、喀斯特地貌、黄土地貌、冰川地貌、海岸地貌等。

地表形态虽然复杂，但它们主要是在内营力（内力）和外营力（外力）相互作用下生成和发展的。内力是指地球内部放射能等引起的作用力，内力作用造成地壳的水平运动和垂直运动，并引起岩层的褶皱、断裂，岩浆活动和地震等。除火山爆发、地震等现象外，内力作用一般不易为人所觉察，但实际上，它对于地壳及其基底长期而全面地起着作用，并产生深刻的影响。地球表面上巨型、大型的地貌，主要是由内力所造成的。外力是指地球表面在太阳能和重力驱动下，通过空气、流水和生物等活动所起的作用，它包括岩石的风化作用，块体的运动，流水、冰川、风力、海洋的波浪、潮汐等的侵蚀、搬运和堆积作用以及生物，甚至人类活动的作用等。外力活动非常活跃，而且易被人们直接观察到。

其次，需要了解不同地貌的形态特征以及特征描述的术语及其概念。以山地地貌为例，山地地形是极为复杂的，但其形态离不开三个部分，即峰、坡和麓。

山顶和峰脊线（或称天际线）：山顶是山岳的最高部分，常见的有尖形的、平坦的、锯齿形的、塔形的、圆锥形的等。两坡顶部相交成山脊。它往往是分水岭，主干山脊代表山的走向。山顶和山脊总是紧密相连的。表示它们形态高低起伏的轮廓线，叫峰脊线，也就是以天空为背景的山顶和山脊轮廓剪影，也称为天际轮廓线（Skyline）。这是构成景象空间的重要视觉因素。

山坡和坡面线：山体峰脊线以下，山麓带以上的部分为山坡。山坡是山体露出的主要部分，也是山地重要的形态要素，它在很大程度上决定着山体的外貌。据山坡的倾斜程度，分为陡坡、斜坡、缓坡；据其形态，可分为平坡、凸坡、凹坡、梯状坡等。坡面线，是表示坡面特征和山坡起伏状态的线。

山麓和山麓带：山坡下部过渡到其他地貌单元的地段叫山麓，它是山的下部与周围平地的分界线，与其他不同的地貌结合并分布在不同气候区，且往往是景观变化最为丰富的地方。在温带、亚热带和热带地区，这里林木繁茂、溪流汇集、泉水溢出，也是人们聚居的地方，村庄散落，田畴梯布。

另外，地貌与地形是在不同尺度上的地表形态的描述。地貌是景观认知的重要组成内容，地形是景观实体空间设计的构成。

（3）土壤和水—— 一切生命的根本

土壤是所有植物生长的必要条件，是生境构成的重要因素。它是地表面一层薄薄的岩石风化物和有机物的混合体，深度从几厘米到几米。土壤覆盖在风化层和基岩上，肥沃的表土层形成需要数千年之久，一旦流失，就会永不复还。

土壤学是以地球表面能够生长绿色植物的疏松层为对象，研究其中的物质运动规律及其与环境间关系的科学。它的主要研究内容包括土壤组成，土壤的物理、化学和生物学特性，土壤的发生和演变，土壤的分类和分布，土壤的肥力特征以及土壤的开发、利用、改良和保护等。其目的在于为合理利用土壤资源、消除土壤低产因素、防止土壤退化和提高土壤肥力水平等提供理论依据和科学方法。

美国土壤学家李比希在 20 世纪 40 年代指出，土壤中矿质养分的含量是有限的，必将随着耕种时间的推移而日益减少，因此必须增施矿质肥料予以补充，否则土壤肥力水平将日趋衰竭，作物产量将逐渐下降。这个主张即著名的"归还学说"，它正确地指出了土壤对植物营养的重要作用，从而促进了田间试验、温室试验和实验室化学分析的兴起以及化肥工业的发展，并为土壤学的发展作出了划时代的贡献。

环境土壤学是研究人类活动引起的土壤环境质量变化以及这种变化对人体健康、社会经济、生态系统结构和功能的影响，探索调节、控制和改善土壤环境质量的途径和方法。从生产的角度看，土壤能为绿色植物提供肥力（水分和养料）；从保护环境的角度看，土壤具有同化和代谢进入土壤中的污染物的能力，因而是人类不可缺少的自然资源。

土壤同绿色植物有着密切的相互依存的关系。土壤—植物系统是生物圈的基本结构单元，是联系城乡生态系统的纽带，也是沟通植物和动物的桥梁。这个系统具有把太阳能转化为生物化学能贮存起来的特殊功能。但是，它如果受到污染，尤其是污染负荷超过它的容量，它的生物生产力就会下降，甚至全部丧失，而且土壤中的污染物还会扩散到大气和水体中，进入植物体，通过食物链危害人群的生命和健康。

土壤—植物系统中的有机体密度最高，生命活动最旺盛，因而它对污染物具有很强的净化能力。它可以通过一系列的物理、化学和生物学过程，如吸收、吸附、离子交换、络合－螯合、氧化还原、沉淀、转化和降解等作用，净化进入土壤中的污染物。

环境土壤学的核心就是认识和掌握土壤—植物系统的污染和净化功能这一对矛盾的发生、发展、转化和统一的过程，以便采取必要的对策和措施，使矛盾朝着有利于人类的方向发展。

水是生命之本。我们知道，在不同的历史时期和国家地区，由于自然环境条件、生活方式、社会经济特点以及宗教文化精神等方面的差异，人类对于水的利用和表达方式有所不同，例如农业灌溉、水运运输、水体风景、人工水景等。但对于水的科学认识，我们的意识和知识还需要通过更为专业的学科来认识。其中主要的内容来自于水文学的研究。

水文学（Hydrology）是地球物理学和自然地理学的分支学科，研究存在于大气层中、地球表面和地壳内部各种形态的水在水量和水质上的运动、变化、分布以及与环境及人类活动之间的相互联系和作用。

（4）气候——不能被遗忘的活力和制约因素

气候最显著的特征是年度、季节和日间温度变化，这是人们个体异乡感受的重要记忆。这些自然特征随纬度、经度、海拔、日照强度、植被条件等地理因素的变化而变化。

气候气象学（Climatology）是研究气候的特征、形成和演变及其与人类活动的相互关系的一门学科。它既是大气科学的分支，又是地理学的组成部分。

随着生产规模的日益扩大，气候和人类社会的关系越来越密切。为了合理地开发和利用气候资源，减轻气候灾害的影响，避免人类活动对大气环境造成的不良后果，无论是大规模的开垦、重大工程的设计和管理，还是工农业布局的研究和各种发展规划的制定，都需要了解所在地区的气候特征及其演变规律。气候学的研究成果及其应用，正日益受到各方面的重视。

气候学是随着气象仪器观测的发展逐渐形成的一门科学。但是，有关气候现象的记载和气候知识的积累却可追溯到三千年前。我国在殷代就已知一年四季和某些农事季节的划分。到春秋时代，更创造了利用圭表测日影以定气候季节的方法。秦汉时期，二十四节气已成为农事活动的主要依据。《逸周书·时训解》系统地记载了反映气候年变化规律的七十二候的自然物候历。《吕氏春秋·十二纪》更对 12 个月的气候特点及其异常现象作了概括的记述。

古希腊学者发现，从希腊往北，太阳光倾斜加剧，气候转寒；往南，太阳倾斜减缓，气候转暖。这反映出气候的冷暖与太阳光线的倾斜程度有关。据此，他们将地球气候划分为五带，即北寒带、北温带、热带、南温带和南寒带。随着人类活动范围的扩大，古代学者还进一步认识到，气候除与纬度密切相关外，还与地势高低、海陆分布和气流方向等许多因素有关。

到了 16 ~ 18 世纪，随着气象观测仪器的出现和气象观测网的建立，气象观测资料大量积累，这些为气候学的形成准备了条件。1817 年，德国的洪堡首先绘制了全球等温线图，成为近代气候学研究的开端。

20 世纪初，人们进一步研究气候的形成原因。

第二次世界大战以后，随着高空气象观测、气象卫星和电子计算机的广泛应用，气候气象学进入了蓬勃发展的新时期。与此同时，在世界上出现了大范围灾害性气候异常，气候问题成为世界瞩目的中心问题之一。

气候气象学的研究内容：由于太阳辐射、大气环流和下垫面的特征不同，各地的气候特征有显著的差异，如大陆东岸和西岸的气候特征各异，即使同属东岸，欧亚大陆东岸和北美大陆东岸的气候也不相同。这种地域性的特点，正是气候学成为地理学分支的重要原因，也是气候学中进行气候分类研究的基础。

按气候学研究的空间尺度划分，有全球气候、北半球气候、大区域气候和地方气候等不同尺度的气候。按时间尺度划分，有年际气候变化、几十年以上的气候变化和万年以上变化周期的气候变迁等。

（5）植物——表现自然秩序与审美秩序的可视因素

植物是我们赖以生存的基础，地球上所有的生物都要依靠绿色植物的光合作用能力把日光能转化为化学能，释放出氧气来维持其生活。植物是人类衣、食、用、住、行原料的直接或间接来源，是维持生物圈生态平衡的重要环节。所有生命形式都依靠植物的光能转化能力繁衍生息。早期的人类选择性地采集并种植野生植物作为主要食物，开始对植物的研究。古老的植物学的发展可以上溯到旧石器时代，人类在采集植物块根和果实种子供食用的时候就认识了某些植物。古代希腊、埃及、巴比伦、中国、印度等文明古国对植物知识都有记述。

古老的植物学（Botany）学科，是研究植物的形态、分类、生理、生态、分布、发生、遗传、进化以及植物和外界环境之间的关系的学科，是生物学的分支学科。植物学的发展大致可以分为 3 个时期，即描述植物学时期、实验植物学时期和现在的创新植物学时期。当前，植物学正朝着宏观和微观两个方向发展。微观上，试求把植物的各种活动，物质、能量、信息的转化还原到细胞水平，分子水平，甚至电子水平，并创造了"细胞工程""基因工程"等方法以求迅速繁殖和创建植物新品种。自20世纪70年代开始宏观研究"环境保护""生态工程"等课题，甚至扩大到地球生物圈的组成及其调控的研究等。

现代植物学的基本内容，以研究层次和重点的不同而划分为五个主要分支：①植物形态学研究植物的外部形态、形态建成的规律及其与环境条件的关系等。②植物解剖学是研究植物体的内部构造、构造建成的规律及其生态机能和环境条件的关系的科学。③植物分类学是按照植物的进化程序和植物间的亲缘关系对植物进行分类的科学。④植物生理学是研究植物生命活动及其规律、植物生命活动与外界环境之间关系的科学。⑤植物生态学是研究植物和其环境的关系的一门学科。

作为实用功能的植物栽培要早于植物作为观赏功能的栽培。景观规划设计理念对植物的认知，从植物的形态审美出发，由于视觉欣赏和空间建造的需要，作为建造和配置因素，需要被不同的审美秩序所安排。长久以来，在造园活动中，对植物的视觉形态及生命个体在季节、气候、天象等变化过程中的感知，由文学家们组织其美学意义。

另一方面，对植物而言，它的生存地点周围空间的一切因素，都影响其生存、生长和生活，如气候、土壤、水、地形、日照、生物（包括动物、植物、微生物）等。同一气候条件下，植物的种植（质）类型、群落组织以及生长演替形成的特征，受到上述各种生态因子主要或次要、有利或有害的作用，这种作用随着时间和空间的不同而发生变化。这种条件和作用成为生境或植物的立地条件。这些生态因子的综合称为生态环境。

城市环境中人们逐渐开始关注植物自然性特征和生态意义。植物带给我们生存环境认知上的意义，远非审美意义这样简单。通过对植物学学科的了解，可以正确的认识植物与植物、植物与场地的关系，理解植物对于生境的意义。

植物的多样性是生境多样性的直观表达，也是衡量生物量的多样性的指标之一，并为人们提供多样而丰富的自然景象，提升自然认知能力。对于城市而言，城市生物多样性比纯自然界生物多样性复杂得多，城市的主体是人，人与各种生物的互动是个永远说不完的话题。虽然城市植物多样性只是生物多样性的一部分，但需要深入探讨的地方仍然很多：大到城市动植物的生态与城市居民生态的关系，城市植物多样性与人类生活环境质量（包括温度、湿度、大气、水体、食物、害虫、疾病等）的关系，对（由于能量、物质、人工、设备等大量输入造成的）高度城市化地区城市植物多样性的评价，城市植物多样性的量化方法和评比方法等；中到乡土植物的定义，顶级群落在城市中的合理分布及其在绿地中的合理比例，栽培品种，特别是观赏品种的评价及其对城市植物多样性的意义等；小到具有生态意义的绿廊宽度及其断点的宽度，绿廊断点的技术处理，植物多样性与人的室外生活的关系，植物多样性与社会安全的关系，或者更具体一些，假如一块林地紧靠着生物量几乎为零的铺装广场，它们边界上的物种会受到断点的影响。

景观设计所涉及的植物学，除传统的植物种植外，应关注群落生态学研究领域中的植物群落知识，理解植物从个体的生境适应，到群体的结构、功能、形成、演替，及其所处环境间相互影响的关系。群落学目前已形成的生态位理论、生活型理论、顶级群落理论等基础理论，可引导我们对国土尺度空间中的生态演进、未来趋势的预测，对景观生态安全格局的判断，作为引导制定土地空间布局策略的依据；而在中小尺度中，对生境营造、植物的选择与组合等都起到了十分重要的理论支持作用。

（6）动物——人类生活空间中的其他栖息者

动物学（Zoology）是一门内容十分广博的基础学科，它研究动物的形态结构、分类、生命活动与环境的关系以及发生发展规律。以下几类分支与景观认知有关：

动物生态学：研究动物与环境间的相互关系，包括个体生态、种群生态、群落生态，乃至生态系统。

动物地理学：研究动物种类在地球上的分布以及动物分布的方式和规律。从地理学角度研究每个地区中的动物种类和分布的规律，也被称为地动物学。

保护生物学（Convservation Biology），是生命科学中新兴的一个多学科的综合性分支，研究保护物种、保护生物多样性（biodiversity）和持续利用生物资源等问题。

生物多样性包括物种多样性、遗传多样性和生态系统多样性。随着人口的迅速增加、人类经济活动的加剧，作为人类生存极为重要的基础的生物多样性受到严重威胁，许许多多的物种已经灭绝或濒临灭绝，因此生物多样性的研究、保护保存和合理开发利用亟待加强，这已成为全球性的问题，1992 年联合国环境署主持制定的《生物多样性公约》，为全球生物多样性的保护提供了法律保障。

3）案例研究——华山风景名胜区的自然风景资源认知

自然秩序与人文活动，二者的共同作用、互相辉映是中国风景名胜区的特质。尤其在山岳型风景区中，自然的地质作用和地貌的形成都经过了漫长的地球演化，逐步形成并不断变化。其地质年代和地貌形成的时间往往远长于人类文明的历史。而人类史上，人们在对这种自然秩序不断认知的过程中，也赋予了自然本源各种意义上的解读。

华山风景名胜区总体规划中的自然风景资源评价工作，是从认识其自然景观本源开始，包括地质、地貌、水文、植被、动物、气候、生态等相关自然科学的研究成果和专家组，更为强调科学系统的景观认知，避免了分级评价所造成的对资源原真性和完整性的片面认识。

（1）华山的地质景观认知：独特的地质构造构成自然资源的核心。华山是从代表秦岭形成的地质年代的古老变质岩中隆起的年轻的花岗岩山峰（图 1-17）。

在地质构造演化上，华山景区大体位于华北板块与扬子（华南）板块碰撞并结合部位的北侧，是构成现今华山地区构造和地貌景观的极为特殊的地球动力学环境。它们代表了重要的地质演化时段和地质构造事件，且多以华山而命名，并在国内甚至国际上享有盛名。

其中，分布在华山主体景区外围的太古代太华群古老变质岩层，形成于约 23 亿～27 亿年前，是该景区乃至秦岭地区发育最古老的岩层之一。它代表了秦岭地区地质演化的最早时段，是秦岭岩石的始祖，在自然景观演化中更具古老的色彩。

华山主峰及主体景区是由岩浆冷凝而形成的二长花岗岩体，呈规则的平行四边形柱体，南北最宽 6.9 公里，东西最长 21 公里，花岗岩体总面积约 150 平方公里。成岩相对较晚，

图 1-17　华山地质景观及其类型分布图

距今约 1.35 亿～1.00 亿年，为中生代花岗岩体，是秦岭地区岩石的晚辈，代表了华山乃至秦岭山脉较年轻的演化阶段，故成为了演化历史上最年轻的山脉。与国内其他景区、景点的花岗岩比较，年轻及独特的峰林地貌是主要特点。

华山主峰之所以凸起于群峰，昂首云天，是由于新生代活动性断裂构造体系及其演化的地质作用，同以华山命名的华山山前深大断裂带有成因联系，其延伸远，深度大，现今活动性强，使华山景区从地质角度考虑，具有持续性的动态过程，具有区域性和代表性。

华山地质构造运动影响和制约了华山的小气候特征乃至动植物的生息繁衍的环境，是动植物、生态和人文景观的主要载体。

（2）华山的地貌景观认知：稀有的、巨大完整的花岗岩山峰，水石侵蚀形成了峰上有峰；地震崩坍，形成沟谷的水石流以及山前洪积扇上叠加堆积形成的加积扇新生地貌（图 1-18）。

华山是国内外罕见的花岗岩巨大孤峰。山峰多是指山岭、山脊上比四周高起的高地，华山孤峰不在秦岭主脊，而海拔高度大致相同。华山孤峰是形成于仙峪、黄甫峪之间，位于华山峪源头的罕见巨大花岗岩山峰，屹立于群峰之中，壁立如削。孤峰夷平面上还有东峰、南峰和西峰，有"奇在孤峰，异在峰上有峰"的世界罕见的特殊花岗岩山峰地貌景观。

花岗岩地貌：花岗岩地貌以其构造岩性与剥蚀特征不同于其他岩石山地，华山花岗岩地貌既具一般山地特征，又具特殊的景观。花岗岩山地的雄姿表现在山岭、山脊、山峰以及流水切割的幽深谷地上。山岭和山脊受岩石节理和侵蚀作用，岭脊成鱼脊形起伏，花岗岩石峰

高峻挺拔，景区以三峰山和三公山的发育最典型。华山风景名胜区约有 133 座较大山峰，海拔为 1 000～2 000 米，约占 67%。

地震崩塌：1556 年华县发生 8 级地震，死亡 80 余万人，是全世界危害最严重的大地震。华山景区处于该次地震的极震区，黄甫峪、仙峪、华山峪、瓮峪的峡谷地段，不稳定的岩体受强大地震力的作用，发生崩塌落石，以华山峪最典型，诸如五里关、石门、毛女洞等处，都是较大的崩塌体。

新生地貌：泥石流按组成物质可分为水石流、泥流和泥石流（总称泥石流）。华山中山地貌区因地震崩塌而堆积有大量碎屑块石，沟床比降大，又处于降雨高值区，因此，水石流十分活跃。

水石流堆积的漂石是现代外营力作用形成的新生地貌景观。水石流搬运块石之大，也是少有的现象。华山峪"鱼石"景点也是水石流以奇特的搬运形式，堆积而成的稀有现象，体积 4011.46 立方米，重 10429.8 吨，鱼石上刻有文字，是清光绪十年（1884 年）华山峪暴发水石流时的搬运堆积物。玉泉院内外，巨大块石分布很多，也是水石流堆积的巨大漂石，有些已成为碑石，成为了被观赏的景观。而玉泉院以外的漂石多已被破坏。串珠洪积也很奇特。

水石流搬运的大量巨大块石，流出峪口之后，因地形豁然开阔，水流分散，流速减缓，搬运能力减弱，堆积在老的洪积扇上，形成了新生地貌加积扇。加积扇是在 477 年间（1556~2003 年）形成的新生地貌，实乃少见。

平原地貌：渭河的冲积平原，由河漫滩、第一级阶地和第二级阶地组成。

（3）华山生态与植被认知：独特的地貌形

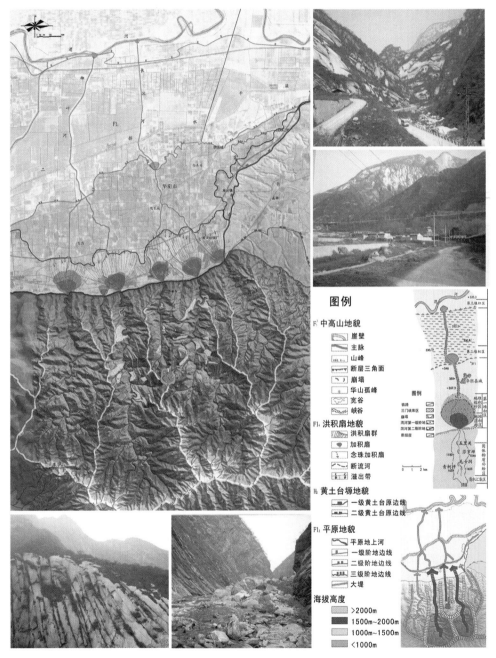

图 1-18　华山地貌景观及其类型分布图

成地理隔离，形成"生态屿"与"植被县"的特征，产生华山特有种和准特有种；单位面积生物多样性丰富，是旱生石质原生演替的完整典型代表，是研究山地土壤形成的良好场所（图1-19）。

华山由于特殊的地质构造而形成了独具个性的典型生态屿及有特殊发展史的自然地理条件，有利于物种分化和新种产生，其内不仅生物多样性丰富度高，而且新种和特有种较多，使其具备了单独成为一个"植被县"的条件，这在我国和世界上都是十分罕见的，即独特性。

花岗岩虽坚硬但节理发育，易出露大量的新岩面，经苔藓地衣—灌木—乔木阶段演替，可展现原生演替的完整过程。因此，华山又是研究原生（石生）演替的很难得和方便的理想之地。此两点，即可作为华山申报世界遗产的突出条件，即专一性、唯一性、独特性。

华山植被景观的历史和现状展现着人与自然关系的历史画卷和科学史实，具有重大的科学价值和生态保护教育意义。华山也是研究和观察植被与土壤形成和发育过程的良好场所。

华山的自然与文化遗产的历史保存和现状也是宗教与自然保护关系的具体体现。

（4）华山气象：山地垂直气候带（图1-20）。

降水的类型也因季节变换而不同，夏季多历时短暂的暴雨，春、秋两季则经常出现连阴雨天气。

秦岭北坡的最大降水高度约在1000～1400米处，最大降水高度约在青柯坪一带（海拔1000米左右），其年平均雨量约为1361.3毫米，多于西峰年雨量。比西峰低的北峰（海拔1600米左右），年平均雨量约为1024.1毫米，也略多于西峰。山区降雨均明显多于山脚下的华阴县。

华山不仅是个多雨中心，而且也是夏季的暴雨中心。气象资料表明，日降雨量大于50毫米的暴雨日，华阴共有8天，而华山竟达24天，是华阴的3倍。暴雨出现于4～10月，以6～8月为最多，几乎每年都要发生若干次，最多时一个月会出现3次。暴雨常常伴随雷电，有时还会诱发山洪、泥石流等灾害。

与山麓和山前的平原相比，华山山区的气候呈现出别具一格的山地气候特色。从山麓至峰顶，随海拔的升高，气压和平均气温日、年较差也随之减小，而云、雾、降水则逐渐增多，风力亦在不断加强。无霜期缩短，夏季相应漫长。大体可分为两个气候带：下部为暖温带半湿润气候带，上部山地为中温带湿润气候带。

特殊天气现象主要发生在山顶高处，山下则少见得多。

天气与气候是华山自然环境的有机组成部分，并且是自然环境中最活跃、最富于变化的一部分。随着时间的推移和大气候背景的演变，华山的气候特征也将有所变化。此外，由于华山经济及旅游业的发展，人类活动会日益增多，必然对华山局部小气候产生某种影响。这些变化是渐进和缓慢的，几乎难以觉察，然而却是不可避免的，有必要加强监测，注意其动态变化趋势，分析研究其规律和趋利避害的策略。

推荐读物

[1] 陈传康，伍光，李昌文. 综合自然地理学[M]. 北京：高等教育出版社，2002.

图 1-19 华山植被景观分布图

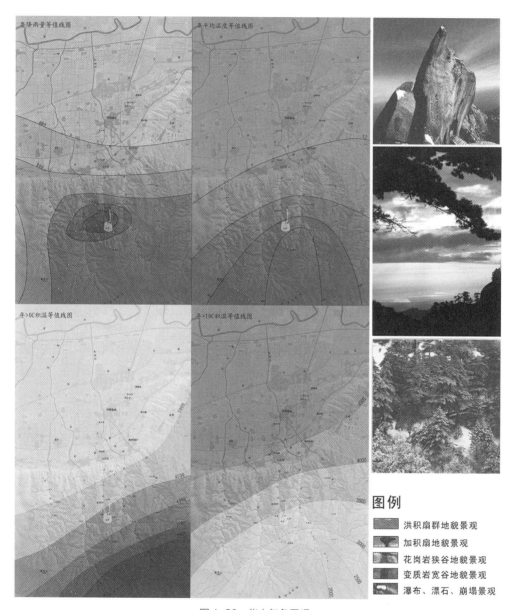

图 1-20　华山气象景观

[2] 伍光，王乃昂，胡双熙，田连恕，张建明.
自然地理学（第四版）[M].北京：高等教
育出版社，2012.

[3] 严钦尚，曾昭璇.地貌学[M].北京：高等
教育出版社，1985.

[4] （英）伊恩·伦诺克斯·麦克哈格.黄经伟译.
设计结合自然[M].天津大学出版社，2006.

[5] （美）约翰·O·西蒙兹.景观设计学——
场地规划与设计手册[M].俞孔坚，王志芳，
孙鹏译.北京：中国建筑工业出版社，2000.

[6] （美）米歇尔·劳瑞.景观设计学概论[M].
张丹译.天津：天津大学出版社，2012.

[7] （英）蒂姆·沃特曼.景观设计基础[M].
肖炎译.大连：大连理工大学出版社，
2010：2.

[8] （美）乔治·哈格雷夫斯.洛杉矶河专题
设计——哈佛大学设计研究生院景观系设
计实例[M].间邱杰译.北京：中国建筑工
业出版社，2005.

[9] （美）文克·E.德拉姆施塔德，詹姆斯·D.
奥尔森，理查德·T.T.福曼.景观设计
学和土地利用规划中的景观生态原理[M].
朱强，黄丽玲，俞孔坚译.北京：中国建
筑工业出版社，2010.

[10] （加）迈克尔·哈夫.刘海龙等译.城市与
自然过程——迈向可持续性的基础[M].
北京：中国建筑工业出版社，2012.

1.3.2　影响景观的文化秩序

1）文化秩序——人类意识的表现

理解景观的文化秩序是分析人们如何使用土地空间，在不同时期和区域，这种秩序是不一样的。认识的目的是学习对历史的尊重。这个历史的概念，可以说，代表一个时期遗留下来的有意义的具体的景象及其结构关系，还包括影响这一结构关系形成的原因。

原始社会文明中人类的迁徙和定居，农耕文化的发展，出现了各种对自然世界的象征和崇拜，如龙的图腾，山岳、植物的自然崇拜等。

随着社会的发展，人类对自然世界的认识，逐步表现为权利干预下的土地利用和管理方式。如城市、乡村、道路的出现，强调人工干预下的风景美学构图和营建方式。

2）人类生活在自然空间中的表现

古代人类生活存在两种方式：游牧或者定居。定居的人们总是生活在同一个生活环境中，农业土地围绕着村落而分布在四周。游牧民族为了不断地找到新的资源，整年地从一处搬到另一处。这些资源可以是能够耕种的土壤、用于放牧的草甸以及用于建筑房屋的便捷或丰富的工业材料。如果资源是可更新的，他们大部分时间会在临时的房子居住，并在几个合适的、稳定的地点循环游牧，让资源在这段时间里得到恢复。当然，资源能够恢复仅仅是在资源没有被过度开采，人们在这里留有一部分可再生资源的前提下才可能实现的。

在这个时候，世界上有足够的可居住土地。领土是一群人或单一人的生活活动形成的有标记的一个土地空间范围，记载着生命活动的痕迹，如开采与破坏、农业和畜牧业、建筑构造以及文化与社会的象征。所有土地上的这些标志就像是一个社会的印章，领土就是这样一种人类社会的身份印章。

3）认识相关人文学科

（1）人文地理学——人类活动与地理环境之间的相互关系

人文地理学（Human Geography）是地

理学的分支学科之一，因为社会文化环境是人类社会本身构成的一种地理环境，是研究地球表面人类活动与地理环境之间相互关系形成的地域系统及其空间结构的地理学分支学科。"人文"二字与自然地理学中的"自然"二字相对应，泛指各种社会、政治、经济和文化现象，也有一些学者认为仅指社会文化现象。人文地理学中与景观密切相关的分支有城市地理学、聚落地理学、历史地理学：

城市地理学，认识到城市的定位与建设、城市肌理的组织和演进、农业系统结构等方面受到历史时期、不同地区、不同技术条件和不同发展目标的影响。

乡村地理学，了解不同地区农业的结构和系统、农业发展的重要类型、所形成的农业景观，例如田垄式是传统的手工农业耕种方式，非常个体化，开放式在平原或台塬上，机械化、集体化的农业耕种方式，还有水田、梯田等耕种方式。

历史地理学，是研究各个历史时期地理环境及其演变规律的学科，它是地理学的年轻的分支学科，又与传统的沿革地理研究有密切关系。沿革地理主要研究历代政区和疆域的变迁，在中国已有悠久的历史，内容十分丰富，在西方也有类似的研究。然而，历史地理学作为现代地理学的组成部分首先是在西方发展起来的。

（2）文化人类学——谁的景观？

文化人类学（Cultural Anthropology）是人类学的一个分支学科，它研究人类各民族创造的文化，以揭示人类文化的本质。

文化人类学有狭义和广义之分。狭义的文化人类学相当于欧洲大陆一些国家所称的民族学和英国所称的社会人类学或社会文化人类学。广义的文化人类学包含考古学、语言学和民族学三个分支学科。

1901年，文化人类学在美国作为广义人类学属下与体质人类学相对应的分支被划分出来。当时，它仅是狭义的文化人类学。20世纪20年代以后，随着研究范围的深入和扩大，文化人类学才形成包括民族学、考古学和语言学等分支的学科。在文化人类学属下，考古学的主要任务是通过发掘、研究古代人类的物质遗存来复原人类无文字记载时期的社会文化面貌，探讨人类文化的起源和演变；语言学主要研究语言与社会环境、人们的思维方式、民族心理和宗教信仰的关系，同时把语言当作社会文化的一个重要方面，考察它的起源、发展和演变规律；民族学则主要研究各民族和各地区、社区的文化，比较其异同，分析这种异同的产生原因，认识这种异同存在的意义，揭示人类文化的本质，探讨文化的起源和演变规律。狭义的文化人类学亦即民族学，早在19世纪中叶就已确立为一门独立的学科。法、英、美等国均建立了民族学会，出版发行了一些民族学专业刊物。

文化人类学与社会学关系密切，但是人类学更注重于研究各个民族之间不同文化的差异。由于文化人类学发源于西方，因此早期的文化人类学主要研究非西方社会和地区的文化。

社会学与人类文化几乎是同时诞生的。1836年，法国学者孔德领导创立了社会学。然而，关于社会学的定义，至今也没有一个定论。一般地说，社会学是研究社会和社会问题的学科。因此，社会学与文化人类学的关系是十分密切的。关于文化人类学与社会学的区别，有些人类学家从对象和方法上来加以区分。在内容上，文化人类学倾向于研究其他民族的文化，并作比较研究。社会学一般研究本民族的东西。在方法上，社会学有一整套社会调查方法，而人类学的研究则需要与一个民族共同生活一段时间，即人类学的实地调查法与社会学的社会调查存在着差异。然而，从两方面来区分文化人类学与社会学则未免太简单了。事实上，这两大学科群从那时起就出现了文化与社会这两个概念上的差异。社会学研究更侧重于研究人与人、群体与群体、个人与群体之间的关系。文化人类学则侧重于研究人与群体的行为。当然，这两大学科研究的内容和方法的差别越来越小，现代社会学的发展日益重视文化问题的研究，而文化人类学则开始更多地研究社会问题。不言而喻，社会人类学同社会学的研究更加相近，以至于许多社会人类学家干脆称自己的理论是"比较社会学"。

文化人类学在某种意义上是人类文化史的研究，它追溯人类起源及其发展的整个历史，因此文化人类学与历史学有着千丝万缕的联系。文化人类学与历史学的主要区别可以概括为：

（a）历史学的对象往往偏重于特殊性；而文化人类学是关于全人类生活形式的比较研究，侧重于普遍性。

（b）历史学注重对事件和人物的记载，其研究有时极为详尽和具体；文化人类学注重文化规范研究，视野很少局限于某件事或某个人，比较抽象。

（c）历史学涉及的领域极广，甚至细到某个显赫人物的浪漫史；而文化人类学则研究史前社会和当代文化，试图探寻社会间文化差异的根源。

然而，从研究内容上看，历史学和文化人类学的相同点远多于不同点，而且从发展趋势上看，历史学正越来越从局部事件的研究向政治史、经济史、思想史及至更为综合的文化史方向发展。历史学的文化意识逐渐增强，使之与文化人类学越来越接近。

因此，在近期内，历史学与文化人类学之间最显著的差异恐怕仍在研究方法上。历史学工作者研究历史，主要是依靠历史记载和文献资料，而文化人类学的研究方法则主要是文化人类学家亲自到所在的地方去观察、访问和直接参与各种文化活动。简言之，历史学是研究"文化化石"，文化人类学是研究"活的文化化石"。

（3）社会学——不同区域和人群组织的代表性景观

社会学（Sociology）是从社会整体出发，通过社会关系和社会行为来研究社会的结构、功能、发生、发展规律的综合性学科。它从过去主要研究人类社会的起源、组织、风俗习惯的人类学，逐渐变为研究现代社会的发展和社会中的组织性或者团体性行为的学科。在社会学中，人们不是作为个体，而是作为一个社会组织、群体或机构的成员存在。

社会学家透过量性研究来研究社会关系以预测社会变动。他们希望透过质性研究，如面谈及小组讨论，对社会运作有更深入的理解。有些社会学家正辩论地从中作出平衡，填补两者之间的空隙，例如量性研究描述大型社会现象而质性研究描述个人如何理解大型社会现象。

社会研究方法在 1.2.2 景观调查中有所论述，包括问卷、面谈、参与者观察及统计研究。

网络是目前社会学家研究的兴趣所在，原因有四：第一，它是研究工具，例如网上问卷调查代替纸张问卷。第二，它可成为讨论平台。第三，它本身是研究课题，网络的社会学研究，如网上社区、虚拟社区。第四，因为网络而产生了社会组织上的改变，例如由工业社会转型到知识社会的大型社会改变。

（4）公共政策——促使景观演变发展的动因

各个时期的公共政策（国家、省区和城市）、法律法规（建设、保护、管理、规范）、公众意愿与学者专家咨询，都参与了景观的营建。看起来没有与实体空间营造直接相关，而且设计的社会背景因素很复杂，但为了辨识今天所看到的土地景观现状，理解公共政策和公众意识很重要，例如为了创造秀美山川，我国于 20 世纪 90 年代实行了退耕还林政策，很多山区形成了新的农业风貌。

民俗、人类社会生活和民间文化活动，同样也塑造着乡土景观。

推荐读物

[1] （法）阿·德芒戎 . 人文地理学问题 [M]. 葛以德译 . 北京：商务印书馆，1999.

[2] （美）H·J·得伯里 . 人文地理文化社会与空间 [M]. 王民等译 . 北京：北京师范大学出版社，1989.

[3] （德）韦伯 . 社会学的基本概念 [M]. 顾忠华译 . 南宁：广西师范大学出版社，2005.

[4] 叶至诚 . 社会学是什么 [M]. 扬智文化事业股份有限公司，2005.

1.4 景观诊断

景观认知与表达的目的是为了对场地当前现状得出诊断性结论，发现现状问题和未来趋势，用以下一步项目任务和规划设计目标的提出。

1.4.1 景观状况的诊断

一个设计项目不能看作是一个固定的产品，而是一种对时间和空间持续性地反思后采取的行动，认知这一点非常重要。项目不仅仅是设计一个形态，更应该是伴随和引导景观向一个合理的方向演进而采取的行为活动。

景观阅读是在景观演进和社会发展的背景下在一个项目的进程中实现的，并与国家土地利用政策紧密联系。景观阅读的结论是表达职业化观点的时刻，从而指导一个项目的实施。

（1）一个诊断，就是景观阅读的综合结论，表达对土地与空间的景观品质、现状问题和将会面临的问题、景观变化的动因、发展的潜力等方面的评价。

（2）景观问题研究：对所有问题的关联性和等级、基地场所特性以及空间的动态变化的分析结论。

然后，从这两方面的信息出发，结合目标和计划，就会成为一个项目的任务书。

1.4.2 给景观阅读做一个结论

景观诊断就像是医生为一个人作的健康检

查，通过对各个系统的检查和整体状况问题，对其"健康状况"的良好状态给予肯定，针对疾病或者潜在疾病的隐患给予治疗方案。景观诊断来自于景观阅读的结果，为了理解景观及其变化趋势，而确立下一步的行动目标。主要包括：

（1）良好的因素和它们将来的状况。

（2）脆弱的因素和它们将来的状况。

这两个对立的方面构成了现状特征、景观感知和土地研究，可以体现在位置、功能组织、代表性、使用状况频率、生态系统和环境等方面。

景观演进动因的解析是寻找影响过去和现状变化的内在原因，其目的是解释现状的景观是如何存在于一个随时间发展变化的逻辑过程中，它服从于历史的演进规律。这一演进趋势的评判影响着项目目标的确立。同样，项目计划中应该展示和利用，土地空间的机遇和潜力。这些潜力也许能够成为空间中非功能性的秩序，例如，一个需要保护的生物多样性环境，一种有趣的人类活动景观，一些不能"消失"掉的强烈的景观特征等。

1.4.3 最终提出问题

（1）现状或将来存在的问题。

（2）现状或将来的期望：社会需求，政策的引导等。

（3）实施的可能性：技术支持、执行者、基地条件等。

（4）项目意向的正确选择：在基地景观价值诊断的价值评判中，针对项目的挑战和机遇提出问题将非常重要，这有助于项目定位如何面对全球性和本土性的问题，从而为项目意向决策提供思考的基础。

思考与训练：文献分析

目标：如何通过自然和社会的演进分析来解释现状可视景观形象的形成。

（1）学习掌握一种基于景观理念的研究和调查的方法。

（2）能够通过景观阅读来发现各种信息：理解景观形象和结构形成的动因。

（3）能够表达景观现状的主要特征，并提出问题和假设。

（4）能够综合这些问题和假设进行诊断研究。

（5）能够寻找各方面完整的信息，比如来自植物学、土壤学、城市化建设、社会学调查和访谈等方面，或者文献资料，如统计数据、档案资料等方面。

（6）能够将可视和不可视景观形态联系起来。

内容：

选择学习者所在生活环境中一处旅游胜地或代表性地点，分析它的原始景象和著名景观。要特别注意当地人和外地人的表达之间的差异。

运用书中讲述的方法，分析这一景观形象的特征，解释其形成的逻辑性原因。

然后尽可能地寻找历史资料和信息，分析景观的演进动因和形成动因的原因。

通过动因的影响作用，预测景观演进的未来，特别是生态系统和人类生活产物的影响。

其他建议：

（1）对于每一个文献资料，都要注意它们的基本信息的完整，例如方向指向、比例尺、标题、图例、标志物等。

（2）运用专业手段表达和描述景观，注意每一个内容的准确、正确和完整，也注意整体的关系和协调。

（3）注重景观要素的过去和现状之间的关系。

第 2 章

景观项目——程序与方法
Landscape project: Procedure ﹠ Method

2.1 什么是景观项目？

这一小节是第二模块的知识基础，详细介绍了景观项目的概念和内涵以及具体景观项目的类型。本章的核心目标是搞清楚景观项目的概念和内涵，理解景观项目分类的意义以及分类的原则和标准，为更好地理解和掌握景观项目的操作程序打下基础。

2.1.1 景观项目的概念

1）景观项目的概念和内涵

"项目"这个词经常出现在我们的日常生活中，经常听说"最近我在做某某项目"。"项目"的含义是什么？不同专业领域的"项目"，由于其专业特点的不同，项目的提出、过程、实施等必定有着不同的特点。从词源学和语义学上来理解，项目一词有功能上的含义，也有专业上的含义，可以有以下六个方面的解释。

第一，项目是人的意愿的一种体现方式。它代表了一种行动上的意愿，是为了实现某个意愿目标而采取的行动。例如某大学校园中有一块空地，学校觉得这块空地应该派上一点用场，但并不确定应该作什么用场，此时，可以说校方已经有了对于这块空地加以利用的意愿，在此种情况下，为了体现这种意愿，提出相应的"项目"就是必然的了。

第二，项目是一种表达形式。在建筑学的词汇中，项目表达的是为了营建某种功能、获取某种效益，在技术上、构思上的一种空间的整体表达。景观中的项目也一样，景观设计师通过设计和构思，组织植物、水体、构筑物等景观要素来达到一定的效益目标，表达某种想法。这种想法可能是设计师的，也可能是业主的，还有可能是用户的，大多数情况下是兼而有之。

第三，项目体现了一种具有合理性的方法和步骤。在建筑学领域里，项目这个词包含了"阶段性的方法"这一含义。按照项目的这种阶段性的方法，项目总是从寻找一个意愿方向开始（如前所述），然后通过选择一种有意义的形态、材料、技术来实现这种意愿。在景观的领域中，"项目"这个词同样具有这种演变的特点。景观项目也是在合理选址的基础上依据某种观念（理念）采取阶段性的步骤和合理的方法来引导与实现这种想法（意愿）的过程。因此，项目是个知识性的过程，为了实施项目，对方案的构思、灵活性的考虑和实施的可能性等自始至终贯穿在项目的每一个环节上和观念上。

第四，项目体现了人们的某种看法或观点。

根据上面的介绍，我们知道景观首先是一种表达形式，对于一个景观项目来讲，就是为了一种景观的表达而采取的一种工作意向。要介绍或策划一种景观，就是想象这个项目的成果是如何表达出来的，也就是说，对设计地块将来所需要表现出来的景象加以表达。这种想象和表达从本质上讲都反映了人们心目中对待事物的一种看法或者观念。

第五，在某种程度上，项目是一种行动的体现。有时，项目是我们为了实现某种目标而采取的必要行动，是针对某些事物在形态上所采取的行动。比如，我们要将城市中的一块拆迁区改造成一个城市公园，这可以说是一个景观项目，这个项目从策划到实施的每一个过程都是人的行动的体现，而绝不是一个静止的状态。另一方面，景观项目有时也并不具有很明确的目标，不一定能得到形态上的实现，并非锁定在客观的形态或某个基础上，有时是一种管理工程，是观察一片土地和环境所需要的方法。在这种情况下，景观项目是一种展示或者学习的方法，这种方法，有助于我们理解如下四个方面的问题：土地本身具有怎样的可视的功能形态？基地本身的景观价值是什么？而当我们干预或介入以后，基地本身的价值又是什么？人在基地中的行为特征和作用是什么？

第六，项目是一种演进的过程。这是景观项目最重要的特征。在景观设计行业中，普遍认为景观项目只是空间形态上的布局和设计。事实上，空间形态上的布局和设计只是景观项目演进过程中的一个阶段，项目的演进过程始于土地自身的需求或决策者的愿望，经过策划、立项、规划设计、建设施工等系列过程，到最后建成运行并形成反馈，是一个逐步推进和演变的过程。可以从如下三个角度加以理解：

（1）景观项目本身在不断演进，并产生新的景观。景观项目从提出到执行或者赋形是一个比较长的过程。项目基地上原有的景观首先是被我们感知，然后是理解、思考，最后提出其矛盾与冲突所在，在这个过程中，原有景观中加入了人的理解与思考，到最后因为项目的进行而在空间、形态乃至内涵上都发生了不同程度的变化，最终成为一种新的景观。因而，景观项目的过程就是产生新的景观的过程。

我们可以通过下面的实例来加深理解：某大学学生食堂前有一块空地，目前除了大面积的硬质铺地外再没有任何景观元素。处于食堂这种人流量很大的建筑旁边的场地，其目前的景观形态和现状，使学生们普遍感到其功能上的不足——既缺少夏日遮阳的树木，又缺少临时休息的座椅，还缺少临时聚会的场地。校方决定对其进行景观改造。通常，改造的过程包括如下一些步骤：学校根据自己的想法拟定出设计任务书，委托设计，设计师现场考察后进行分析与设计，最后交付施工方实施。在这个过程中，设计师首先要进行现场勘查，这就是一个景观感知的过程，而后进行的现场交流（与学生）、访谈以及图纸分析等都属于对项目的理解和思考的过程，在这个过程结束后，设计师初步掌握了项目基地原先存在的矛盾与冲突所在（缺少遮阳的树木、临时休息的座椅以及临时聚会的场地等）。在此基础上，设计师有针对性地对现有景观提出改造方案，比如说增加乔木和休息座椅、划分场地的不同功能区域以满足不同的功能需求、增加景观设施如垃圾箱和灯具等。在所有这些都实施完成之后，原有基地上的景观无论在空间形态、使用功能还是在景观内涵上都发生了根本的变化，因此，我们可以称其为不同于前者的新的景观。

（2）景观项目是一种活力的体现。第一，景观项目不仅仅在审美领域中（愉悦的视觉效果），而且在复杂的背景和土地的规划、环境的管理、地方传统的文化中也起作用。景观项目所涉及的领域包括生态、环境、土地政策、管理、工程、艺术、审美等方面。第二，景观项目的过程是非常特殊的，其他的工程项目都有完成和结束的时候，但景观项目由于其所具有的生长特性，是永远不可能结束的，它只是给人一种发展的方向，演变的方向，给人带来一种客观的状态，这种状态是一个不断地生长和变化的动态且充满活力的过程。第三，景观项目所面对的要素，如土地、植物、水体、动物等都是富有生命的东西，这一点决定了景观项目充满了生命的特性。景观项目是建立在时间、空间上的，它通过组织和发展自然与人工要素来达到项目的目标。当然，除了要组织和发展各种要素外，还需要为所实施的方案进行布局，很多时候，这些方案布局更多是考虑到人的行为所需要的布局，这种布局是对时间和空间的一种延续，并且这种有明确建设性的方案大都可以建成或保留下来。

（3）景观项目是一种协作过程。景观项目由于涉及生态、环境、土地政策、管理、工程、艺术、审美等领域，从项目开始实施的第一天起就不断展现出多专业协作、多学科思想融合、多种思考方式互补的协作过程。

2）基于景观理念的景观项目过程

第一部分阐述景观理念时提到的"景观三角形"（图1-3），包含着景观项目的基本含义。

例如，从景观三角形的角度，将一个场地变成花园至少要用三步：首先将场地转变成图片文件，或者采用一种精神上的表达（想象中的景观）；然后，将这些文件（关于场地景观的被大脑加工过的图片或图纸等）总结成为设计理念和计划；最后返用于项目实施的场地中。整个步骤反映了场地在人脑中形成映射并产生想法，到将想法加以表达和表现，最后到指导工程实践使项目得以实现，展现了景观项目本身就是一个过程的本质。

思考与训练：举实例讨论景观项目的概念和内涵

列举一个景观项目的实例，试着从不同的角度对景观项目加以阐释，这些角度可以包括"景观意愿""景观表达形式""景观的方法和步骤""景观体现了一种看法或观念""项目是一种行动和行为""景观项目是一种演进的过程"等，也可以从自己的角度加以阐释。

目标：通过讨论，进一步强化理解景观项目的不同层次的内涵，能够从景观理念的角度来看待和分析现实项目，为以后独立拟定项目任务书打下基础。

要求：视情况可以采用分组讨论的形式，也可以采用课堂对话（课堂问答）的形式。要求学生能够列举出适当的景观项目，能够从该景观项目中抽取出与所提问题相关的信息，并将这些信息重新组织起来回答问题。可以采用文字提纲、照片、图片、表格等不同形式来辅助进行。

思考与训练：从景观理念的角度表达一个景观项目实例的过程

列举一个景观项目的实例，假设自己就是该项目的主要设计师，利用第 1 章中景观三角形理论所表达的景观实现步骤，试着对景观项目进行模拟操作。可以选择一个比较简单的景观项目实例，比如一个住宅庭院设计、一个街头小游园设计等。不需要按照程序进行真正的规划设计，只需进行模拟，可以采用图示表示也可以用照相和图片及交流文字，但对于用语言和文字能够表达的内容，如设计的概念、构想等内容，应结合实际进行表达。

目标：通过模拟练习及讨论，理解景观三角形的内涵，巩固本书提出的景观理念，并能够初步运用景观三角形所阐述的景观项目的步骤来分析现实项目，理解景观项目的程序。

要求：视情况可以采用分组讨论的形式，要求学生按照步骤进行对应的项目分析和设计概念表达，并将这些表达以语言、文字、图示等形式展示出来，进行讨论。

2.1.2　景观项目的分类

本节针对狭义的景观项目，着重讲述了景观项目的分类，根据不同的标准，有不同的分类方法，但没有绝对的标准和答案，只有根据相似目标的所作的实践活动归类。学习中需要注意的重点不是景观项目可以分为哪些类，而是为什么要对景观项目进行分类，分类的目的和意义到底是什么，不同的项目类型对于景观设计师而言是否意味着不同的方法与思路。

1）为什么要对景观项目进行分类

景观项目所涉及的领域众多，有些是以城市为背景的，如各种商业步行街的景观设计、城市公共绿地景观设计、居住区景观绿地设计、城市道路景观绿地设计等；有些是以城市以外的广大地区为背景的，如乡村景观规划设计、高速公路景观规划设计、风景名胜区规划设计、旅游度假地景观规划设计等。这些景观项目，按照不同的标准，可以划分为不同的类型。在本书中，并不是为了分类而分类，对景观项目进行分类的目的，是为后面讨论景观项目的提出做准备，因为不同特点的项目，其提出和分析的侧重点是有所区别的，也就是说，不同类型的项目，其操作程序和关注点是不同的。

有些景观项目，位于城市建成区范围内，也就是前面说的以城市为背景的景观项目，如各种商业步行街的景观设计、城市广场景观设计等，其实施的目标尽管各有不同，但由于地处人类活动极为频繁的区域，与人类的历史、文化、城市风貌、生活习惯、日常生活、经济发展等紧密相关，规划设计都必须遵循"文化优先"的原则。另外一些景观项目，如风景名胜区规划设计、旅游度假地景观规划设计、湿地景观设计等，尽管同样有人类的活动参与，但是由于所处的位置不同、项目的生态价值悬殊，规划设计则需要遵守"自然优先"的原则。

在本书中，结合教学的需要，我们采用了两种分类的标准，一种是按照景观项目的规模来分类，另一种是按照景观项目的属性来分类。

2）依据景观项目的规模分类

所有的景观项目按其规模而言有大小之分。规模的大小在这里主要是指投资额度、占地面积、建设周期等方面的综合规模。在本书里，我们将景观项目按规模大小分为大型项目、中型项目、小型项目三个等级。规模不同的项目，其具有的特点也是不同的，这些特点正是我们提出项目和分析项目的基础。

（1）大型景观项目

项目特点：项目规模很大，体现在投资多、占地面积大、建设周期长、规划设计时间长等方面；对地区及区域环境影响很大，包括自然环境、城市环境和人文环境三个方面；社会影响很大；全局性项目。

（2）中型景观项目

项目特点：项目规模较大（投资较多、占地面积中等、基地所在地段的建设周期较长、所给项目规划时间较长）；对周边环境（自然环境、城市环境和人文环境）影响较大；社会影响大。

（3）小型景观项目

项目特点：项目规模较小（投资较少、占地面积小、建设周期较短、所给项目规划时间较短）；对周边环境（自然环境、城市环境和人文环境）影响较小；社会影响较小；节点性项目。

3）依据景观项目的属性分类

按规模来划分景观项目的类型，其特点是能够区分项目的重要程度以及自然和社会影响，但另一方面，对于项目本身的内在属性，却并没有体现出来。事实上，景观设计师在进行景观项目操作的时候，往往需要掌握项目本身的一些属性，因为不同属性的项目，其考虑的出发点或者说重点是各不相同的。反差最大的例子就是公园绿地项目和资源型项目。公园绿地项目除了考虑项目对城市生态的贡献外，更多地是考虑市民的使用与城市文化的融合，即所谓的"功能建设优先"；而资源型项目，如风景区的规划更多考虑的是对自然生态、自然资源（自然风景、自然物种、自然地貌等）、自然环境、人文环境等内容的保护，保护是第一位的，开发是为了更好地保护，即所谓"自然保护优先"。

景观项目在本身内在属性上的差别决定了景观设计师在项目之前的专业立场，具体而言则决定了景观设计师在操作景观项目的时候提出问题的角度、分析问题的方法、解决问题的途径、空间赋形的手段等。景观项目属性从当前风景园林行业所从事的主要项目类型来看，可以从项目基地环境来分：城镇、乡村和自然，也可以从项目建设内容来分：功能活动类和生态保护修复型。

（1）商业景观项目

包含：商业步行街景观项目，城市中心区景观项目，CBD 景观项目等。

项目具有如下特点：景观为城市功能（商业、办公、行政等）服务；广场、设施等硬质景观多，软质景观少；由于涉及城市的其他功能，往往成为城市的特色景观点；生态效果较弱，形象效果较强属于城市典型公共空间类型。

项目案例：某县城新区商业街总体规划设计（商业街及景观一体化设计）（图 2-1 ~

图 2-3）

（2）城市总体或片区规划类项目

包含：城市绿地景观系统规划项目，城市景观整体设计项目，城市风貌控制规划项目等。

项目具有如下特点：与城市规划关系紧密，受城市总体规划或片区规划的指导；对城市整体或片区的绿地和景观建设起统领作用，具有全局性、系统性、政策性的特点；对城市的整体形象影响较大；在城市整体生态环境的建设中起重要作用，是建设生态城市、保护城市生态的重要手段；不涉及具体的场地空间和形态问题。

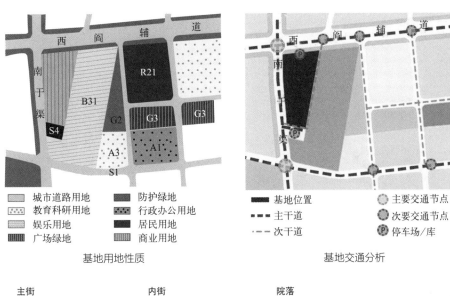

▦ 城市道路用地	▦ 防护绿地
▦ 教育科研用地	▦ 行政办公用地
▦ 娱乐用地	▦ 居民用地
▦ 广场绿地	▦ 商业用地

基地用地性质

▬ 基地位置	⬤ 主要交通节点
▬▬ 主干道	⬤ 次要交通节点
─ ─ 次干道	Ⓟ 停车场/库

基地交通分析

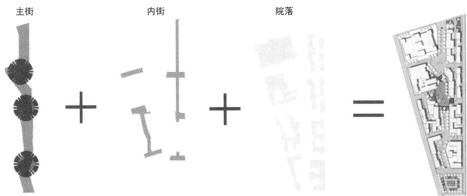

图 2-1 商业街基地及方案生成分析图

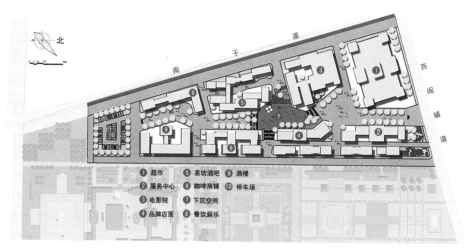

图2-2 商业街布局总平面图

① 超市　　　⑤ 茶坊酒吧　⑨ 酒楼
② 服务中心　⑥ 咖啡商铺　⑩ 停车场
③ 电影院　　⑦ 下沉空间
④ 品牌店面　⑧ 餐饮娱乐

图2-3 商业街主入口效果图

项目案例：咸阳市城市绿地系统规划（2007—2020）（图2-4、图2-5）

（3）城市公园绿地景观项目

包含：综合公园景观项目，社区公园景观项目，专类公园景观项目，带状公园景观项目，街旁绿地景观项目，城市绿道景观项目等。

项目具有如下特点：承担了市民主要的休闲游憩功能，市民的参与程度很高；软质景观多，硬质景观少；是城市绿地或景观系统的重要节点，是城市生态、绿地、景观系统的组成细胞；对生态功能要求较高，对形象效果的追求也较强；涉及到具体的空间和形态问题，还涉及到材料、色彩等工程细节；要求与城市其他功能相协调。

项目案例：咸阳城市绿道（属于"咸阳市城市绿地系统规划"中的一个专题）（图2-6）

（4）交通绿地景观项目

包含：高速公路绿地景观项目，城市道路景观项目，交通岛绿地景观项目，立交桥绿地景观项目等。

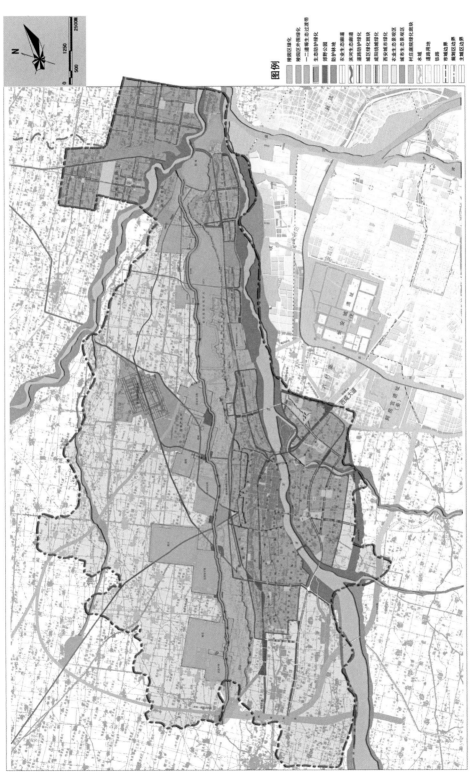

图 2-4 规划区域绿地系统规划总平面图

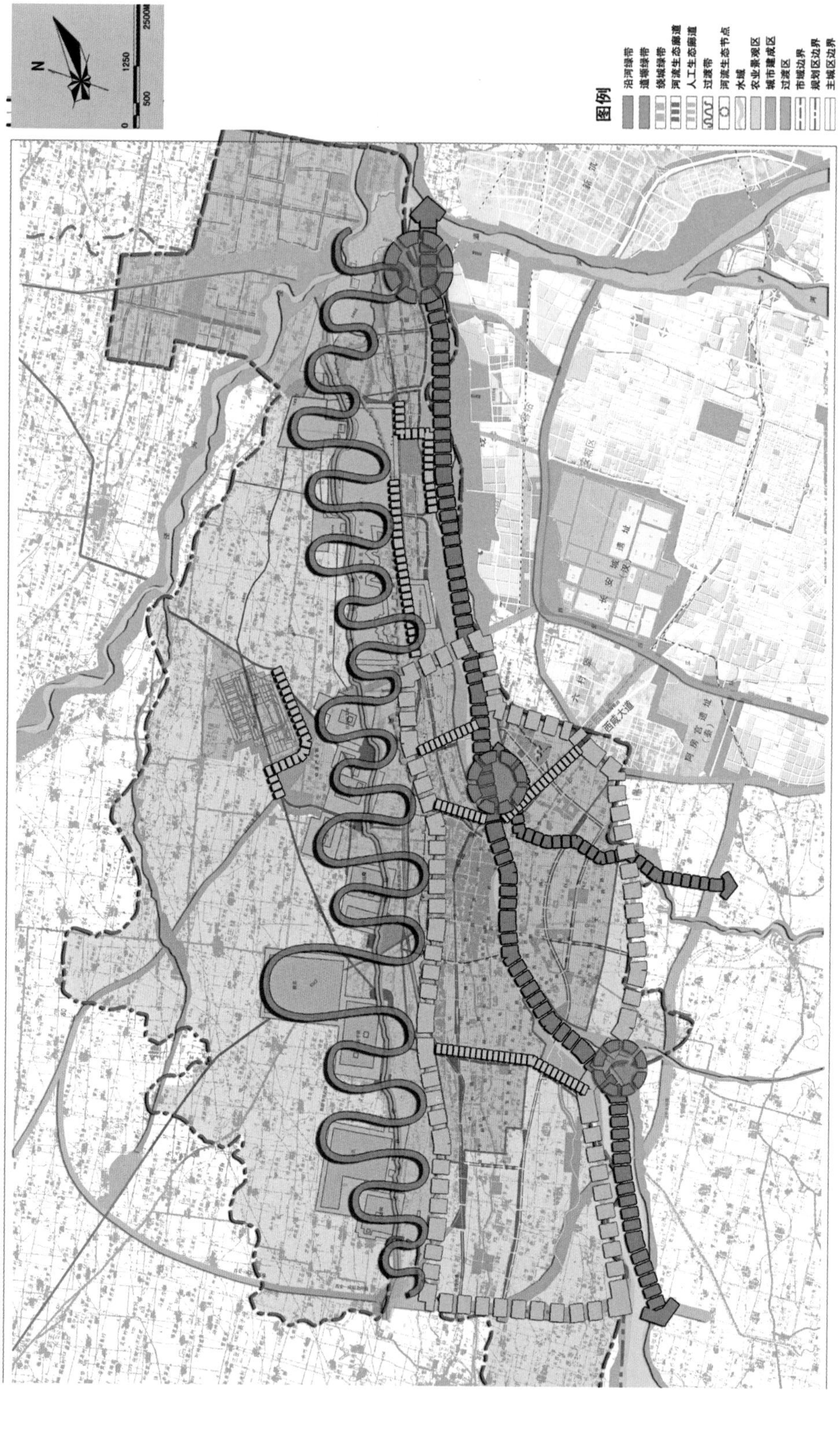

图 2-5 规划区域绿地系统规划结构图

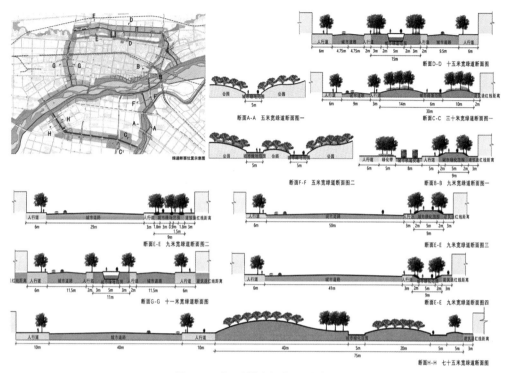

图 2-6　咸阳市城市绿道断面规划图

项目特点如下: 为交通功能服务, 软质景观多, 硬质景观少, 处于城市的交通干道上的城市的门户景观有较强的生态防护功能要求, 对安全性 (交通的安全与畅通、人的安全) 要求较高的为封闭性绿地景观。

项目案例: 西安市尚稷路景观设计 (图 2-7 ~ 图 2-9)

（5）厂矿、企事业单位绿地景观项目

包含: 厂矿环境景观项目, 政府及其他事业单位环境景观项目等。

项目特点如下: 服务对象较为单一, 一般不对外开放; 与城市的功能联系较小, 相对比较独立; 有较强的防护功能; 生态效果、形象效果兼顾; 对植物抗性要求较高。

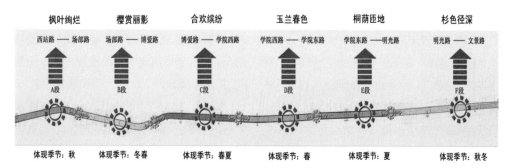

图 2-7　道路景观结构分析图

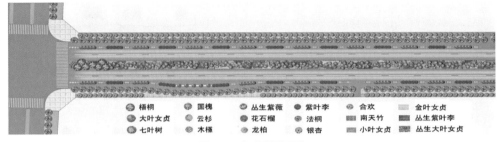

图 2-8 标准段平面图

图例：
梧桐	国槐	丛生紫薇	紫叶李	合欢	金叶女贞
大叶女贞	云杉	花石榴	法桐	南天竹	丛生紫叶李
七叶树	木槿	龙柏	银杏	小叶女贞	丛生大叶女贞

图 2-9 道路景观剖面示意图

（6）学校环境景观项目

包含：高等教育环境景观项目，中小学环境景观项目，幼儿园环境景观项目等。

项目特点如下：服务对象较为单一；与城市的功能联系较小，相对比较独立；有一些特殊的功能要求如校园文化、室外课堂等，对植物有一些特殊的要求（如幼儿园里不能种带刺、有毒的植物等）。

项目案例：某大学景观规划设计（图 2-10 ~ 图 2-12）

（7）生产及防护绿地规划设计项目

包含：苗圃、花圃、草圃规划设计项目，道路防护绿地项目，城市高压走廊绿地项目，卫生隔离、城市组团隔离绿地项目，防风林绿地项目等。

注：城市高压走廊绿带指城市高压输电线路下方一定范围内的绿化用地，是为安全考虑而设置的绿带。根据《城市绿地分类标准》CJJ/T85—2017，是属于防护绿地（G3）的一个绿地类型。城市高压走廊一般与城市道路、河流、对外交通防护绿地平行布置，形成相对集中、对城市用地和景观干扰较小的高压走廊，一般不斜穿、横穿地块。高压走廊绿带是结合城市高压走廊线的规划，根据两侧情况设置一定宽度的防护绿地，以减少高压线对城市的不利影响，如安全、景观等方面，特别是对于那些沿城市主要景观道路、主要景观河道和城市中心区、风景名胜区、文物保护范围等区域内的供电线路，在改造和新建时不能采用地下电缆敷设时，宜设置一定的防护绿带。

项目特点如下：功能较为单一；软质景观多，硬质景观少；一般不对公众开放，位置也较为偏僻；生态效果、防护效果要求较高，形象效果要求较低；有些属经营性绿地（苗圃、

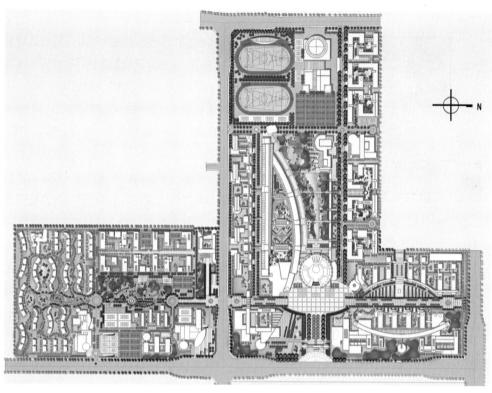

图 2-10 某大学景观规划总平面图

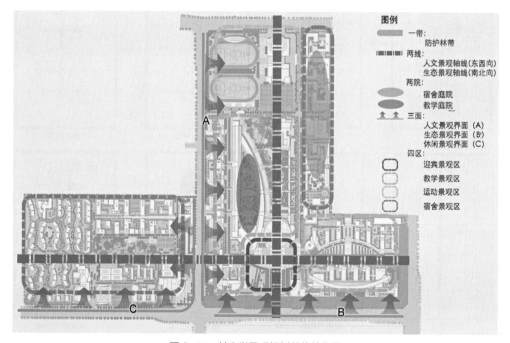

图 2-11 某大学景观规划总体结构图

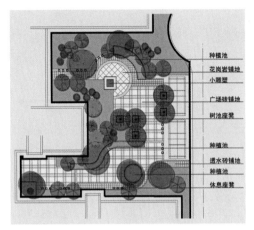

图2-12 建筑庭院设计平面图

种植池
花岗岩铺地
小雕塑
广场砖铺地
树池座凳
种植池
透水砖铺地
种植池
休息座凳

花圃、草圃），对经济效益的要求比较突出。

项目案例：西安幸福林带概念规划（图2-13、图2-14）

（8）资源型项目

包含：风景名胜区规划项目，旅游度假区规划项目，森林公园规划项目，自然保护区项目，水源保护区项目，野生动物植物园项目，自然和人文遗产、文物古迹保护类项目，风景林地类项目，湿地景观类项目，郊野公园项目等。

项目具有如下特点：一般不在城市建成区之内；景观、生态资源较为丰富，并以资源的保护和开发作为项目的主要任务；涉及的领域比较广，专业综合性高，项目的复杂程度高，对资源的调查评价工作要求很高；对生态效益要求较高，对形象效果要求也较高；工作时往往需要多专业合作与协调；对资源的保护是第一位的，对人的活动（数量、强度、频率、活动方式等）有一定的限制。

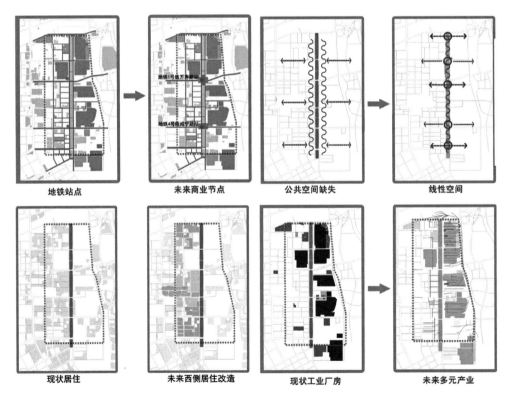

地铁站点　　　　未来商业节点　　　　公共空间缺失　　　　线性空间

现状居住　　　　未来西侧居住改造　　　　现状工业厂房　　　　未来多元产业

图2-13 幸福林带基地分析图

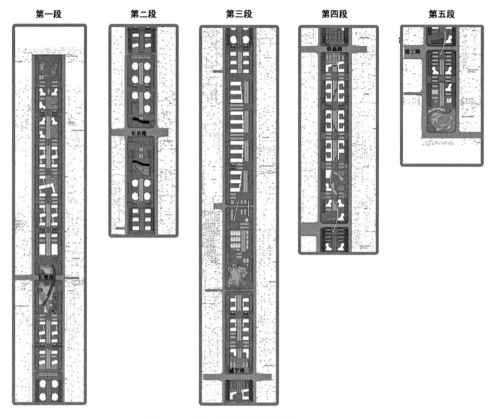

图 2-14 幸福林带规划总平面图

项目案例: 华山风景名胜区总体规划 (2004-2020)(图 2-15~图 2-18)

(9)生态恢复类项目

包含: 工业区遗址生态恢复项目; 矿区生态恢复项目; 垃圾填埋场生态恢复项目; 其他生态恢复项目等。

项目特点如下: 项目目标功能很明确, 以生态环境的恢复为主要内容; 软质景观多, 硬质景观少; 以考虑自然要素的生长与恢复为主, 项目考虑人的活动为辅; 重点强调生态环境效益。

项目案例: From Brownfield to Greenfield (图 2-19~图 2-21)

(10)其他景观项目

包含: 墓园、陵园景观规划设计项目等其他景观项目。

项目特点如下: 项目的主要功能比较明确; 人的活动带有明显的精神意义, 纪念的成分多、休闲的成分较少; 强调环境氛围。

本章节推荐书目中还有其他不同的分类方法, 供大家参考。需要说明的是, 任何分类方法都不是绝对的, 关键是要明白分类的目的和意义, 分类只是一种手段, 掌握景观项目的本质才是目的。

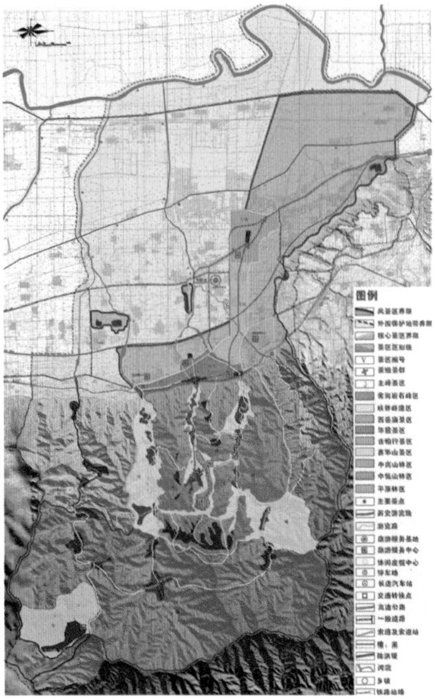

图 2-15　规划总平面图

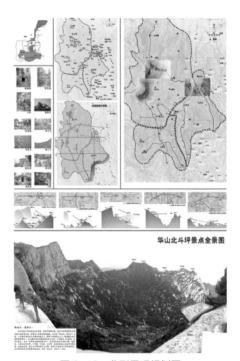

图 2-16　典型景观规划图

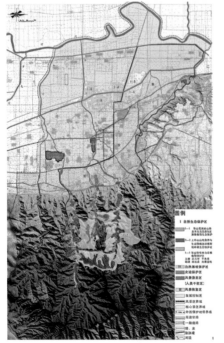

图 2-17　自然景观保护培育规划图

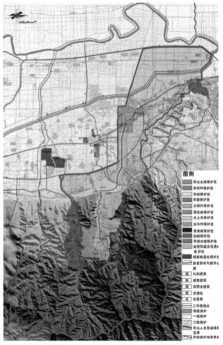

图 2-18　人文保护规划图

图 2-19　Alumnae 滨河谷地生态恢复项目鸟瞰图解

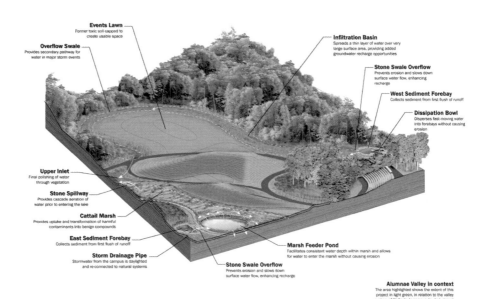

Events Lawn
Former toxic soil capped to create usable space

Overflow Swale
Provides secondary pathway for water in major storm events

Infiltration Basin
Spreads a thin layer of water over very large surface area, providing added groundwater recharge opportunities

Stone Swale Overflow
Prevents erosion and slows down surface water flow, enhancing recharge

West Sediment Forebay
Collects sediment from first flush of runoff

Dissipation Bowl
Disperses fast-moving water into forebays without causing erosion

Upper Inlet
Final polishing of water through vegetation

Stone Spillway
Provides cascade aeration of water prior to entering the lake

Cattail Marsh
Provides uptake and transformation of harmful contaminants into benign compounds

East Sediment Forebay
Collects sediment from first flush of runoff

Storm Drainage Pipe
Stormwater from the campus is daylighted and re-connected to natural systems

Marsh Feeder Pond
Facilitates consistent water depth within marsh and allows for water to enter the marsh without causing erosion

Stone Swale Overflow
Prevents erosion and slows down surface water flow, enhancing recharge

Alumnae Valley in context
The area highlighted shows the extent of this project in light green, in relation to the valley system of Wellesley's campus (in dark green)

Reconnecting Systems - Using Topography and Hydrology to Treat Surface Water
Through ecological restoration techniques and hydrological design, Alumnae Valley is reinstated as part of the glacial topography and ecology that Olmsted cited as Wellesley's unique and valuable legacy.

图 2-20　地表水治理示意图

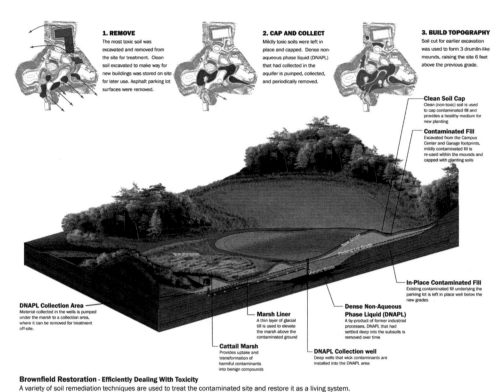

1. REMOVE
The most toxic soil was excavated and removed from the site for treatment. Clean soil excavated to make way for new buildings was stored on site for later use. Asphalt parking lot surfaces were removed.

2. CAP AND COLLECT
Mildly toxic soils were left in place and capped. Dense non-aqueous phase liquid (DNAPL) that had collected in the aquifer is pumped, collected, and periodically removed.

3. BUILD TOPOGRAPHY
Soil cut for earlier excavation was used to form 3 drumlin-like mounds, raising the site 6 feet above the previous grade.

Clean Soil Cap
Clean (non-toxic) soil is used to cap contaminated fill and provides a healthy medium for new planting.

Contaminated Fill
Excavated from the Campus Center and Garage footprints, mildly contaminated fill is re-used within the mounds and capped with planting soils

In-Place Contaminated Fill
Existing contaminated fill underlying the parking lot is left in place well below the new grades.

DNAPL Collection Area
Material collected in the wells is pumped under the marsh to a collection area, where it can be removed for treatment off-site.

Marsh Liner
A thin layer of glacial till is used to elevate the marsh above the contaminated ground

Cattail Marsh
Provides uptake and transformation of harmful contaminants into benign compounds

Dense Non-Aqueous Phase Liquid (DNAPL)
A by-product of former industrial processes, DNAPL that had settled deep into the subsoils is removed over time

DNAPL Collection well
Deep wells that wick contaminants are installed into the DNAPL area

Brownfield Restoration - Efficiently Dealing With Toxicity
A variety of soil remediation techniques are used to treat the contaminated site and restore it as a living system.

图 2-21　用地重建示意图

思考与训练：列举景观项目并进行分类和讨论

　　尽可能多地列举生活中不同的景观项目，将所列举的项目分别用纸记录下来（或者写在黑板上），然后请另外的同学分别说出这些项目所具有的具体特点，并按照这些特点采用不同的分类方法对这些项目进行分类，最后与书中的分类进行对照。

　　目标：通过思考与练习，理解景观项目分类的意义；初步掌握分析和归纳具体景观项目特点的能力；具备初步分析具体景观项目矛盾和问题的能力，为以后独立拟定项目任务书打下基础。

　　要求：视情况可以采用分组讨论的形式，也可以采用课堂对话（课堂问答）的形式。要求学生能够尽可能多地列举出不同类型的具体景观项目。对学生的分类标准不加任何限制，鼓励不同的分类方法。

推荐读物

[1]　李铮生. 城市园林绿地规划与设计（第二版）[M]. 北京：中国建筑工业出版社，2006.

[2]　俞孔坚，李迪华. 景观设计：专业、学科与教育 [M]. 北京：中国建筑工业出版社，2003.

[3]　王莲清. 道路广场园林绿地设计[M]. 北京：中国林业出版社，2001.

[4]　（日）土木学会编，章俊华等译. 道路景观设计[M]. 北京：中国建筑工业出版社，2003.

[5]　中国风景园林学会网站.　　　　[6]　IFLA, ASLA, 等官方网站.

2.2　景观项目的操作程序

这是第二部分的核心内容，包括任务书的重新审视、景观项目提出的一般程序、项目交流以及不同类型项目的工作程序和内容四个小节。通过对本部分的学习，理解重新拟定设计任务书的意义及目的，在此基础上掌握景观项目的操作程序，并且初步具备针对不同类型景观项目展开工作的能力；了解项目交流的重要性，初步掌握一至两种交流的方法。在本节中，首先必须要对设计任务书有一个正确的认识，在此基础上才能理解项目操作的程序。学习前还应对前面章节所讲的景观项目的分类作简要的回顾，在理解了景观项目分类的意义的基础上才能够更好地针对不同景观项目的自身特点制定操作程序、确定工作内容。

2.2.1　对任务书的重新审视

本节的核心内容是阐述为什么要对任务书进行重新审视，主要从两个方面进行阐述：首先讲述了设计任务书的目的和作用，其次阐述了重新审视设计任务书的重要性。在本节的学习中，要特别重视搞清楚设计任务书的本质目的，理解和掌握如何通过任务书传达对一个具体景观项目的理解和设计要求。

1）任务书的目的和作用
（1）什么是设计任务书？

什么是设计任务书，从字面上理解，可以解释为设计项目委托方给项目承接方下达具体

设计任务的文件。设计任务书没有固定的格式，一般而言，大都包含了项目概况、规划设计范围、规划设计内容及要求、成果要求、附件等几个方面的内容。

项目概况，也称作项目背景，介绍该项目的基本情况，包括项目产生的背景、项目形成的过程、政策和法律依据、业主对项目的基本定位和要求、项目投资规模、项目的资金来源等内容。

规划设计范围：任务书中都应明确说明该项目的面积规模和规划设计范围。对于较大规模的景观规划项目，如风景名胜区规划、城市绿地景观系统规划等，其范围的界定往往在地形图上以规划边界线的形式画出来；而对于中小规模的新建景观项目，往往以城市规划中用地红线的形式确定。红线的具体表示方法是在用地范围的每一个边界点上都标明相应的城市测量坐标，然后用红线将各个点沿边界顺次连接起来，形成一个封闭的范围。用红线划定的设计范围，因为有边界点的测量坐标，所以比较准确。但在实际中，并不是所有的项目都以用地红线来标注设计范围，比如说原有单位内部的环境设计，其设计范围往往以现有建筑和道路作为边界，由于没有现状地图或者现状图与现实情况存在一定的误差，需要到现场对其设计范围进行踏勘。这种情况多出现在环境改造类项目中。无论属于上述哪种情况，设计任务书中都应该有明确的规划设计范围。

规划设计内容及要求：规划设计内容及要求是任务书的核心内容，对规划设计人员所需要完成的规划设计内容作了非常明确的说明，一般包括项目定位定性要求、功能要求、风格要求、技术指标要求、城市规划强制性要求、工程造价估算等。在技术指标要求中，有些是项目委托方根据自身需要确定的规划设计指标，如硬质场地所占的比例、每平方米的造价控制指标、建筑所占比例等。有些则属于城市规划强制性指标，只要项目属于城市规划的管理体系，就必须遵循国家及该地城市规划所制定的相关指标，如绿地率指标，国家规定所有新建居住小区，其绿地率不得低于30%，旧区改建不得低于25%，这就是城市规划强制性指标，必须遵照执行。在滨水景观设计中，在处理景观驳岸时，还需符合防洪部门确定的最高水位和常水位指标，以满足防洪和观景的双重要求，这些指标都应该在任务书中加以体现和提供。规划设计的内容和要求虽然有共同的地方，但绝不是一个模式化的东西，不同的项目，应该根据自身情况提出不同的内容和要求。像风景名胜区规划以及城市绿地景观系统规划之类的项目，除了要考虑委托方的要求外，还必须符合该类项目的专类技术规范。总之，任务书中该部分的内容反映了项目委托方对项目的具体考虑和意向，反映了相关的国家和地方的强制性要求。对于前者，设计人员在具体分析的基础上应尽量满足，如分析后觉得规划设计要求不尽合适，可以向委托方提出协商修改，即我们后面要讲到的任务书的重新审定；对于后者，则必须无条件遵循。

成果要求：任务书中一般都对设计的最终成果提出明确的要求。具体包括：图纸的组成和数量（图纸内容指效果图、立面图、剖面图、总平面图、分析图、节点详图、施工图等；图纸数量一般针对方案而言，目的在于通过图纸的数量来控制方案的表现深度，比如要求透视图多少张、剖面图多少张，当然，数量上的要求绝不是为了凑数，而是为了将不易表达清楚的地方通过各种技术手段来表达清楚，大多数情况下，就体现在不同数量的表现图上）、图纸的规格大小、图纸的装订要求、图纸和文本的份数、展板规格和数量、电子文件（成果的电子版、动画文件、视频文件等）。

附件：伴随设计任务书的，一般还有项目的现状资料和图纸，这些在任务书中以附件的形式出现。现状资料包括项目所在地的自然、地理、人文、经济，项目自身相关文字材料、现场照片、参考图片、参考书籍等。图纸主要指用地现状图，根据项目的不同，还需要其他不同的基础图纸，如基地管网图、上一层次规划设计的图纸等。当然，各种相关的音频、视频文件也可以列在附件中。

除了上面所提及的几项内容外，任务书的制定者根据实际需要可以增加其他的内容。如果项目委托方事先对项目已经有了较深入详细的考虑，可以在设计任务书中增加方案初步构想方面的内容，供规划设计人员参考。

（2）任务书的目的和作用。

项目委托方制定任务书到底具有什么目的和作用呢？归纳起来不外乎四个方面：

（a）作为下达设计任务的正式文件。

设计任务书是项目委托方向设计方下达设计任务的正式书面文件，具有约束效力，是甲乙双方签订设计合同的依据。设计方在接到任务书后根据任务书中所规定的工作内容和要求计算设计费，与项目委托方签订设计合同，并对工作内容在设计合同中加以体现，设计方依据合同规定的期限完成任务书中的设计内容，因此是具有约束效力的文件（与设计合同一起生效）。

（b）以书面形式传达了项目委托方的意愿和观点。

设计任务书以书面文件的形式向设计人员传达了设计委托方（业主、出资人、政府、项目使用者等）对于项目的实现设想、意愿和部分观点。虽然里面传达的信息并不完整，但至少反映了委托方最主要的想法。因此，设计人员在项目开始前应很好地研究和揣摩设计任务书。设计师归根到底是为委托方工作的，体现他们的想法、实现他们需要的功能，在委托书的指导下工作是必要的，对于投标项目而言，则是必须的。但是，并不是说设计人员必须言听计从地服从设计委托方，设计人员应该有自己的专业立场和专业判断。有自己的专业立场是首位的，这也正是设计委托方看中的，其次才能够谈得上专业判断。站在正确的专业立场上进行判断，提出合理的想法和建议也是业主期望的，哪怕与设计任务书相矛盾，也可以向业主提出协商。

有些时候，站在专业的立场上，可能会与业主发生根本的观念冲突，这种冲突可能会很激烈，甚至会影响到项目能否继续进行下去，此时，起决定作用的是设计师的职业观念、职业素养和职业道德。例如，业主要在某些敏感的地区（风景名胜区、历史文化保护区、自然保护区等）进行开发建设，而这种开发和建设在某些方面对这些敏感地区会造成明显地破坏，设计师该怎么做？是与委托方妥协还是坚持专业道德，哪怕项目设计资格被取消？或者说，积极地劝说设计委托方，晓之以理、动之以情，劝其改变某些有损环境和敏感地区整体

价值的思路？这取决于设计人员的职业道德和沟通能力。当然，很多情况下，业主作为非专业人员，其决策和思路的制定不可避免地存在不合理的地方，他们并不是故意要破坏自然环境和历史文化，此时，职业设计师更应该站出来阐述自己的观点，增进沟通和解释，寻求专业替代方案，事情通常会得到较好的解决。

所以，对于设计任务书，我们一方面要尽量遵守，但同时又要有自己的职业判断，对于合理的，遵守之，不合理甚至严重违反行业规定或者相关规定的，则应坚决提出自己的看法，要求修改设计任务书。这也是本书下一节中涉及的重要话题。

（c）设计任务书提供了项目的相关背景和基础资料。

设计任务书往往对项目的背景作了概括性的介绍，这有助于设计人员第一时间掌握该项目的相关知识，能尽快地进入工作状态。此外，任务书的附件中提供了各种设计所必需的资料和图纸，是开展工作的基础。

（d）任务书对设计师的工作成果和深度作了明确的界定。

项目在进展的不同阶段会对设计提出不同的工作内容要求和图纸深度要求，业主出于对设计的不同用途和目的，也会提出不同的要求，这些都需要在设计任务书中加以明确。

2）为何要重新审视任务书

既然任务书是设计委托方给设计人员下达设计任务的书面文件，一般来说，依据委托与被委托的业务关系，设计人员只需在任务书规定的范围内工作即可。为何我们要自找麻烦，提出对任务书进行重新审视呢？要回答这个问题，需要从景观规划设计的程序谈起，同时还涉及到人们对景观所持的观念。

实例：××外国语学院新校区景观设计招标任务书

一、工程名称

××外国语学院新校区景观设计

二、建设地点

本项目建设地点位于××市××区××工业园××外国语学院新校区，具体位置详见规划图。

三、工程概况

总体设计中可供景观占有的全部区域。无资金限制。

四、设计依据：

1. ××外国语学院新校区地形现状图

2. ××外国语学院新校区总体规划图

3. 国家有关建设项目设计标准

4. ××省教育厅立项计划

五、设计原则

1. 崇尚生态，从营造高效的生态环境的高度出发，充分尊重自然环境，组织多层次的有机生态绿地系统。

2. 强调文化导入，加强文化设施的合理配置，深化大学园区的文化内涵，在继承传统地域文化的基础上力图拓展新的文化价值取向。

3. 要以人为本，使人与自然共存。利用地形、地貌、河浜特征，努力营造优美、典雅、有文化内涵、充满生机的校园环境，立足于提高修养，陶冶情操，起到"环境育人"的作用。应考虑多层次的绿化，使点、线、面相互结合，在整体协调的基础上突出重点。

4. 要按生态园林规律进行设计，回归自然，利用植物的多样化，种植各种乔木、灌木、草皮相互搭配的人工植物群落，形成不同主题的庭院，提高生态效益，改善环境质量。

5. 绿化建设要结合声、光、林、水并适当配置雕塑，处理好绿化与建筑、道路、广场之间的关系，使校园与绿色环境融为一体。

六、设计的具体要求

1. 根据总体规划和校园建筑物的特点,结合校内环境,因地制宜地筑山、理水、建亭、置石、掇山、铺地、种植及设计各式环境、街道小品。

2. 因地制宜,因高堆山,就低凿水,筑山要求造型美,宜错落有致。挖水与堆山,土方宜就地平衡,注意保持排水畅通,山体保持稳定,坡度合理。

3. 园林亭位置、色彩应力求因地制宜,造型应与环境协调统一,体量应与园林空间大小相宜,表达出各种园林情趣,成为园林景观的构图中心。

4. 铺地应根据环境条件确定合理的布局、走向、密度和坡度,其形式和路纹应成为园林造景的一部分。

5. 种植设计应以总图的功能景区布局要求为根据,有利于改善和创造当地的环境质量;其选用植物种类符合适地适树和苗木供应、施工养护管理与经济条件;应发挥植物造景的综合效果,各具特色。

6. 景桥设计应有烘托环境的尺度,生于环境的造型,融于环境的色彩,宜重宜轻的比例。

7. 水景处理应具有独特的环境空间,可活跃空间气氛,增加空间的连贯性、趣味性和其他艺术效果。

8. 景观设计的标志性、视距、高度、造型、颜色要简明醒目,富于意象。

9. 护栏应结合花池、装饰雕花进行设计,兼有扶手、座椅、雕塑等功能;花坛、花池随地形、景位设计成各种形式,花带、花兜、花台、花篮等可固定或不固定。

10. 街道小品应功能多样,方便学生,美化校园,其设计应尺度宜人,色彩与背景色相结合,造型简洁出新。

11. 灯具设计既要保证为人们提供夜间活动的安全保障,又要美化环境。

12. 雕塑小品应具有纪念性、主题性、标志性、装饰性等功能意义,其材质、形式、尺度应与环境相宜。

七、设计成果要求

1. 综合说明书

[1] 设计方案说明:阐述设计指导思想,说明布局的特点及立意。

[2] 利用水源及下水的有关说明。

[3] 计算出各个景点占地面积情况及总景观占地面积情况。

[4] 有关假山、喷泉、雕塑的高度、占地面积。

2. 主要设计图

[1] 总体效果图。

[2] 南北两院分别效果图。

[3] 主要景点的单项效果图。

[4] 景观工程估算。

[5] 设计方案和施工图设计收费要求简述。

八、设计周期

方案设计周期为一个月。

九、附图

1. 总体规划平面图 1 份；

2. 场地地形图 1 份；

3. 南院生活区绿化系统图 1 份；

4. 北院教学区绿化系统图 1 份。

××外国语学院建设工程招标委员会

（1）过于简单的常用景观规划设计程序

目前，在景观规划设计行业中，普遍存在着这样一种观点，认为景观项目的展开是在城市规划师进行总体规划（或其他层次的城市规划），业主投资方在规划的控制区内确立建设项目并出具设计任务书的基础上进行的，景观设计师的工作始于设计任务书。

因此，大多数的设计师都遵循着这样一种规划设计的工作程序：从业主那里获得项目委托；得到项目设计任务书；依据设计任务书组织设计人员到现场考察以获取第一手资料；回到办公室进行资料分析；在分析的基础上展开方案设

图 2-22　常用的景观规划设计程序

计。整个规划设计的过程可以用图2-22来表示。

上述景观规划设计程序，明显存在一些问题或弊端，主要有两点：

第一，设计任务书出现某些不合理的地方，但由于程序的原因而得不到有效的校正。

依据传统的景观规划设计程序，景观建设项目的立项和设计任务书的拟定都是由业主主持完成的，此过程中，景观设计师极少参与。问题在于，大多数业主并不是专业人员，对专业的内容和要求知之甚少，往往只从自身的主观需求的角度出发来立项（大型重大项目除外），并拟定任务书，使任务书有时会出现不合理的情况。这种不合理主要体现在项目的定位、性质、规模、与周边环境的关系等内容上。现实中，破坏环境、破坏城市风貌的项目之所以会出现，其原因很大程度上存在于项目立项和任务书制定的阶段，因为在此阶段，专业设计人员没有机会参与到决策过程中去。

可见，程序的不合理主要体现在：从项目提出、立项到拟定任务书的阶段，都由业主完成，设计师的角色缺失。

第二，有时景观项目本身可能会比较复杂，项目进行中遇到的很多问题，虽然在立项之初已有所考虑，但远比当初考虑的要复杂，按照任务书的要求，无法有效解决。此时，在程序上就需要增加一个结合现状重新修改任务书的过程。

（2）项目任务书中景观理念缺失

相当多的项目业主在制定任务书的时候仅仅从自身的实际需求出发来考虑问题，反映在任务书中，就会出现项目的立意和设计要求只重功能不重专业理念的情况。在本书第一部分已着重讲述了本书所遵循的景观理念和景观思想，在此，我们的重点不是具体的景观理念，阐述的只有一个问题——如何体现景观项目的思想性？要在具体的景观项目中体现出一定的思想和理念，应该从三个方面来进行学习和训练。

第一，学会以专业的思想和眼光来看问题。

在学习本专业之初，就要逐渐养成从专业角度观察现实生活、分析现实问题的习惯。这就要求我们必须掌握一定的专业基础知识和技能，对本专业领域内的问题能有一个基本的判断。刚开始的时候，肯定会无从下手，但随着自己专业知识的丰富和专业技能的提高、专业阅历的加深，看问题的专业角度会越来越独到，分析问题也会越来越深入。关键在于必须养成一种职业习惯，对于所接手的项目从一开始就能够带着专业的见解去分析和思考它的合理性和可行性，决定接下来应采取的专业步骤。

第二，对各种专业思想和理念有及时地了解和理解，并能作出判断和取舍。

掌握本专业的基本知识和技能只是达到了最基本的要求，还不能称得上是一个好的设计师。设计师之所以不同于工匠，最大的区别在于设计师有自己的设计思想和灵魂，工匠则只能按部就班地复制现有的东西，或者实施已设计出来的图纸，不是设计作品的原创者。

要在设计作品中体现出思想性和创新点，就必须在掌握基础知识的基础上再上升一个层次，对本专业内的各种思想和理念有个基本的了解，并在了解的基础上理解其精神实质。做到这一点，只是完成了第一步，接下来还有一个自我研判和取舍的问题。在专业快速发展的今天，各种新的想法和理念层出不穷，这其中有合理的，有不合理的，或者说，针对某个具体项目，有些理念比较合适，有些就显得不切实际。所以我们不应该毫无保留地完全接受，而是针对具体项目作出一定的判断和选择。但并不是说针对一个具体的景观项目，确定了自己所遵循的理念就算完事了，更重要的是我们所要体现的思想和理念如何体现在景观项目中，这正是我们下面要讨论的内容。

第三，专业思想和理念在任务书中如何体现。

在实际的景观项目中，关于设计思想和理念存在两种倾向：一种是设计中毫无思想性可言，小一点说，设计的作品没有主题，为了设计而设计，回答不了此方案与彼方案的根本区别。拿一个最常见的景观项目来说明，城市快速干道的拐角处有一个直径50米的交通环岛，要对其做景观设计，十个人可能有十种方案。如果只从最基本的层次来考虑，我们只需对其进行绿化即可，虽然能做出十个方案来，但十个方案在本质上都是相同的，仅仅是一个交通岛绿化而已。如果设计师要求再高一点，他可能会分析此交通岛在整个城市干道中的地位和作用以及和城市快速干道景观的关系等问题，力求将此交通岛的景观设计纳入到整个环线的整体景观设计中去，力争一种整体协调、各有特色的景观格局。相应地，设计师所应做的前期调研工作就不仅仅是该交通岛本身了，范围扩大到了整个快速干道环线以及其中的其他交通岛。

两种设计思路的区别在哪里呢？前者是就事论事，为了设计而设计；后者则体现了整体性、系统性的专业思想，不是各自为政、各行其是。这就是为什么好的设计师能积极主动地将自己的作品融入现有的环境中的原因。

一般而言，越小的景观项目由于其复杂程度有限，所涉及的面比较窄，较难体现出一定的思想和理念。上面所举实例只是较小的景观项目类型之一，还有其他种不同规模和不同复杂程度的景观项目，如何将专业思想落实到景观项目中去，是我们学习和训练的重点和难点。只有我们具备了这种能力，才能准确合理地从理念层面上对设计任务进行审视。

思考与训练：任务书评价

这是一个房地产项目景观设计任务书的实例，请对该实例进行具体的分析和评价，指出该任务书存在的问题或者不完善的地方，并且提出修改的意见，列一个修改后的任务书的提纲。

目标：通过对具体的任务书的分析和讨论，理解重新审视任务书的重要性，初步掌握如何拟定一份合理而具有很强指导意义的设计任务书。

要求：根据实际情况可以采取小组讨论、个人独立分析回答等方式，可以放在课堂上讨论，也可以留作课后作业。要求以文字提纲的方式先给出书面回答，然后根据情况组织讨论或交流。教师也可以自行提供任务书让学生分析讨论。

思考与训练：拟定一份任务书

建议选取一个具体的景观项目类型，先进行项目的背景情况介绍，并且提供详细的地形图纸和相关资料，要求学习者根据所提供的资料进行分析和研究，提出一项适合该地块的景观项目，并根据自己对该项目的理解起草一份设计任务书。

目标：采用真题假做的办法，来培养学生独立分析问题的能力，使其逐渐具备独立提出景观项目的能力。

要求：要求每人独立完成拟定任务书的训练。在独立完成的基础上可以进行分组讨论和综合修改。单独完成的任务书要求以书面形式提交，作为平时成绩的依据；随后的分组讨论要求每人都提交讨论大纲以及最后修改汇总的任务书，也作为平时成绩的依据。

实例：××湾项目景观设计任务书

一、项目名称

××湾景观设计

二、项目概况

本项目位于湖滨南路，项目门前的道路是××市东西干线之一。地块占地101 亩，约 6.8 万 m²，呈规整矩形。地块北邻××山庄，南邻规划路，东邻东二环延伸段，西邻某休闲俱乐部。地质：地块属××河冲积平原，又邻近××河。项目以单体别墅为主，联体别墅为辅，绿化面积约为 4 万 m²。

三、景观设计原则

风格：参照美国加州××地区环境及北京××谷项目景观设计风格，主调以欧式为主。

1. 水景观：首先要求设计方应在××市特有的本地四季气候、地质条件下运用水系，同时结合我方提供的北京××谷项目的水系规划思路来设计水景，满足生态要求。在与小区建筑和场所的平面布置衔接中，水面应开合、深浅有度，突出人与自然亲水性的环境。在土方平衡上应遵从"挖地成河、筑土为丘"的设计原则。

A. 湖面景观：应根据中水的总量合理布置湖面，局部设喷泉，做到自循环；在景观上重点处理好湖体驳岸线与岛屿、半岛、水榭、栈台桥的衔接。

B. 溪流景观：应强调溪流的缓急、宽窄、落差及曲直的变化特点，间或点缀布石、青苔绿化等，营造枫林中的溪流意境，给人以视觉和听觉的亲历体验。在整个溪流中，可考虑用旱溪或旱喷泉局部作过渡处理。

C. 湿地景观：从生态的角度适当地考虑设计部分自然生长的湿地景观，形成局域小生物圈，达到自循环系统。湿地应充分采用本地植物种类并符合基地地质特征。

2. 绿化：在已建立的层次分明的绿地系统架构下，尽量利用原有地貌来体现原生生态特征。要体现出错落有致的自然景观效果，设计上应把整个绿地有氧系统贯穿于小区的四大主题之中，着重体现"从视觉上给人以在林间、树间漫步，从听觉上给人以聆听树尖风语，从嗅觉上给人以原野的泥土气息"的体验。体现人与自然和谐共处的生态与动态亲密感。

A. 草坪：遵照生态住宅评估手册，设计上应把草坪的面积比例控制在一个合理的范围内，选择适合本地生长气候的草种，方便将来物业维护并降低运作成本。

B. 乔木：在乔木选择上，可依照两种思路：其一，可结合美国××地区风格考虑；其二，可综合引入树种，搭配错落有致（前提都为以适宜本地区生长的树木为主）。在行道树的设计选择上可同样按上述思路考虑。

C. 灌木：对灌木的设计布置应与花卉相结合，同步考虑，把二者作为构成元素，和道路、广场、绿地、林地、溪流、湖景、湿地等统筹设计。

D. 花卉：在充分考虑本地地理条件的前提下，适当设计，作为重点强调部位。设计上应重点把花灌与林地等优雅地组合起来，做到"三季有花、四季常青"。

3. 景观小品部分：应体现欧式景观特质，个性突出，加以点缀。

A. 人工造景体：首先从选材上体现多样性，以水为主，在风格上应自然、和谐，形成梯次配置。

B. 景观雕塑参照北京××谷项目的特点，重点实现地域文化、社会文化、时代气息，强调人性化及可参与性。

4. 道路部分：应根据小区的道路主次和所在各区的特点，结合不同的道路断面（含道宽、坡度、路面材质、颜色、路灯、高差、绿化、导视系统等要素）设计出个性鲜明的道路景观效果，从而给人带来良好的视觉感受和体验。

A. 铺装材料：设计多选用本地区的适合材料，在会所等公共部位可适当设计使用新材料、新工艺，色彩的纯度可饱和一些，主旨在于突出项目整个设计风格。

B. 道牙：应优选本地适宜材料，并设计出与整体风格相适应的道牙工艺或仿照北京××谷项目。

C. 管线检修井盖板：尽量选用表面可覆材质的新型盖板，加以项目名称Logo。

D. 园林喷灌、喷雾系统：根据绿化植物的布置，合理选用浇灌供水设备系统。

5. 景观照明部分：在遵照国家规范的前提下，针对个性化的景观，设计出有欧美特点的景观照明设施，体现出白昼与夜晚的景观效果，温情、浪漫、充满地域风情的生活气息。

A. 广场照明：针对不同的区域，设计富有情调的照明方案，照明方式不限。

B. 道路照明：可根据分区、分级，设计道路照明系统方案，找共同点，烘托小区整体景观特点。

C. 水景照明：在安全的前提下，针对不同的水景特征进行设计布置，区分出幽静、浪漫的不同气质。

D. 绿化泛光照明：突出表现小区"安详、静寂"的情调，照度合理，不能影响居家的幽静气氛。

E. 建筑泛光照明：在遵守国家规范的前提下，妥善设计好光源的混色、单色，表现建筑与灯光艺术的变化，主要体现在公建部分。

6. 场地部分：公共休闲活动场所应大小尺度合适，符合人的生活习俗，尽量减小人工铺地面积，室外找坡合理，尽可能地设计供人运动、休闲、交流的休闲娱乐环境，深入挖掘地方文脉及乡土性，以求得和现代精致写意生活相共生的新生活空间。

A. 室内广场：通过局部绿化和水的引入而建立室内生态系统，重点体现会所和室内空间的融合。

B. 室外广场：设计将硬质铺地调整到合理的比例，降低辐射热，采用渗水砖、可回收草皮砖等新产品，最好有高差起伏的变化。

C. 停车场：在前期规划已确定的停车模式下，对停车场的设计主要是铺地的设计选择，如增加透水性和减少辐射热、防污染等设计。

四、具体设计要求

A. 景观考虑的重点从大门入口处一直延伸到会所周边水景（心脏地带），在大门入口处尽量使景观做到大气，为整个项目提升大盘印象，会所周边则考虑做精做细，突出精致的景观效果。

B. 考虑消费人群的档次及生活喜好，在偏重于公共造景的同时协调考虑住户前后花园的设计风格，保留单体别墅四周的私人隐私空间，尽可能以植物分隔各户花园。

C. 中心区域 12 栋别墅须邻水，在水系周围点缀北美风格栈道、饰品等。

D. 景观设计须与总平面、单体图紧密结合，各设计工种相互沟通、紧密协调。

E. 要求主创人员对北京××谷项目的设计风格有清晰的认识和理解，在复制的基础上结合××湾项目的具体状况进行整合创新。

五、设计内容

1. 交通设施：道路系统要流畅，便于限速和造景；停车场要求考虑遮阳措施，停车场部分的道路要以行人安全为原则，考虑道路铺设色彩以及道路与建筑两边关系的处理。

2. 服务设计：设置邮箱、座椅、卫生箱的位置及其样式色彩。

3. 信息设施：标志牌的设置及色彩，建筑的可识别性。

4. 园林设计：正确处理草坪、植被、树、色块的组合，建筑前后道路边的细部栽植要精心设计；加强会所周边水景沿线景观效果。

5. 景观设施：廊架设计美观大方；入口及门卫房朴素简洁；景观小品，地面铺装的形式色彩；围墙要求通透。

6. 景观设备：给水排水系统设计；路灯、庭院灯及建筑的泛光灯包含管线、控制系统的电器设计。要求灯光造型美观、高雅、新颖、独特。

六、设计成果要求

1. 总平面概念设计（4份）。

2. 总体规划方案（4份）。

3. 规划设计说明书（4份）。

4. 初步设计（8份，方案设计通过后6周）。

5. 施工图设计（8份，初步设计通过后6周）。

附：总体规划方案设计内容：

1. 彩色总平面。

2. 总体设计说明（构思、理念、材料、植物）。

3. 功能分析、交通分析、绿化分析、景观节点分析。

4. 重点景观的详细设计，彩色平面及相关剖面，包括：北入口内外区域、中心会所周边水系、12栋独立别墅重要节点、典型院落、花木搭配节点示意。

5. 典型铺装材料的照片示例。

6. 主要植物品种的照片示例。

7. 主要小品的设计详图。

8. 典型景观的电脑效果图（北入口内外、中心会所周边带 12 栋独立别墅、单体别墅及联体别墅组团效果图）。

9. 灯光、照明系统参照第 8 条，分别提供夜景效果图。

七、提供技术资料

××湾项目规划图纸一份

××湾项目平面、竖向图纸各一份

北京××谷项目影音宣传资料一套

八、设计周期

由于××湾项目土建施工已经开始进行，故 ××湾园林景观设计方案要求在 2 周内完成，施工图在 6 周内完成。

2.2.2　景观项目提出的一般程序及工作方法与目标

在上一节中讨论了常用的景观规划设计程序存在的不足，本节的核心内容旨在解决上节所提出不足的基础上，对常用的景观规划设计程序进行修正和调整，提出修正后的景观规划设计程序，并在此基础上分阶段详细介绍了具体的工作方法和目标。

图 2-23 所示即为修正后的景观规划设计

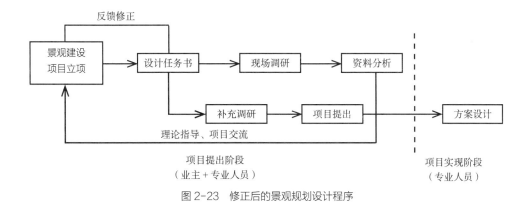

图 2-23　修正后的景观规划设计程序

程序。本程序与上节所列程序（图2-22）的根本区别在于增加了一个对设计任务书的重新审视和修正的过程，将设计过程中发现的新问题进行及时反馈，并及时对设计任务书进行修正和调整，最大限度地做到在合适的地块上做最合适的景观项目。根据该图，景观项目的整个过程可分为两大阶段：第一阶段为项目提出阶段，也就是项目意愿或者是目标的提出阶段；第二阶段为项目的实现阶段，也就是项目意愿的赋形阶段。在下面的内容中，将阐述这两个阶段里所包含的特定工作内容和程序以及每个阶段各自的工作方法和目标。

1）项目意愿（目标）的提出——项目提出阶段

根据图2-23所示的程序，我们可以在项目提出和项目实现这两个阶段的基础上，把整个项目的过程从工作方法的角度归纳为三个具体的工作阶段。第一阶段为观察、分析阶段，此阶段的主要工作是现场踏勘、资料收集以及分析；第二阶段为理解基地、项目策划阶段，此阶段的主要工作是确定项目的立意及目标；第三阶段为方案规划设计阶段，此阶段的主要目标是项目意愿赋形和项目实现（形成最终的规划设计成果）。前面两个阶段属于项目提出部分的内容，第三阶段则属于项目实现阶段的内容。

第一阶段：观察，分析（现场踏勘，资料收集、分析阶段）

（1）工作程序

观察——观看感知（Observation）；

描述/表达——命名，展示要素（Representation-description）；

分析——解释各种现状关系（Analysis）；

诊断/问题——理解地段的活力（Dynamical diagnostic）。

（2）工作内容

（a）实地勘测

当前土地利用的情况；

环境特点及自然景观；

现状交通条件，自然肌理以及交通接入条件；

基地与邻近区域的衔接情况；

滨水地带、水面、沙漠、丘陵、山景和相关地理地貌特点；

地方习俗、传统和生活方式等。

（b）图文资料收集

实地勘测资料图文化；

数码平面图（地形，建筑物、构筑物现状，水体等）；

规划用地及周边环境的数码航测照片；

公共基础设施条件图（给水排水图、供电图等）；

土壤条件（图文）；

地理特征（图文）；

植被特征（图文）；

气候（文字、表格等）；

业主的发展任务书或目标；

涉及规划用地和周边环境的官方政策；

交通条件图；

湿地、岸线和周边河流、溪流；

业主要求。

（c）项目交流

与政府代表交流：在第一次实地勘测期间，与地方政府相关人员进行讨论（了解政府的意愿和要求，将其包含到未来的设计和发展中）。

与业主讨论：总结勘测的结果以及和政府代表讨论的成果，就项目的选址、规模、目标意向等基础性问题与业主及其顾问讨论和交换意见。

与使用者交流：问卷调查。

与工程实施方的交流：图纸交底与答疑。

与管理者交流：访谈。

需要解决的问题：工作程序与工作内容的吻合性或者一致性问题，即工作程序与工作内容的对应关系如何？哪一个程序与哪一些工作内容相对应？

（3）工作方法

观察法；

拍照法；

访谈法；

问卷调查法；

资料收集法。

第二阶段：理解基地，项目策划（项目立意、目标确定阶段）

（1）工作程序

（a）机遇／挑战——评论未来

对收集的资料进行分析，发现设计地块的特点以及建设一个景观项目所具有的机遇，比如说政策上的支持、投资比较充足、业主限制较少、周边环境对本项目的牵制较少、有充足的项目操作时间等，这些都可以看作是机遇，同时还要认真分析可能存在的各种困难和挑战，比如资金上的缺口、周边环境的限制、规划上的控制等。

（b）目标——对未来的选择

在详细的现场勘察和资料分析之后，列出可能实现的各种项目目标，然后综合分析，选择最可行或者最具合理性的项目目标作为定位目标。

（c）计划／策划——选择对策行动（功能）

现状条件清楚了，目标也明确了，接下来就可以根据目标制定具体的项目计划和实现步骤，并且付诸实施了。

（2）工作内容

（a）条件分析

相关项目分析：对国内和国外的相关项目进行研究，以便更好地理解规划用地的优势和缺点，发掘项目自身的特点，提升项目的潜在价值。

自然肌理和土地利用现状分析：准备一份分析报告，阐述基地所在区域独特的条件要素，涉及到项目基地内的村庄现状、开放空间结构、不同自然肌理的位置、土地利用情况、地形特点。

考虑紧邻规划基地及整个基地区域的文脉情况。涉及规划用地中不同部分的联系及与整个基地所在区域的关联的分析，将影响到规划用地的最终设计任务和空间布局方向的确定。

环境质量和自然特征分析：对用地条件及其特征进行分析，如水面、绿地、树林、水滨、沙丘、山丘以及其他自然地貌。通过对这些环境要素和土地要素的分析，我们可以知道规划用地现状将如何影响总体规划，规划用地如何与相邻区域连接，如何保护敏感的生态环境和强化潜在的视觉景观。

道路交通条件分析：对基地所在区域和周边区域现存及规划的交通模式进行分析，帮助确定未来道路的层次和进入区域的路线，同时考虑机场位置、公共交通、停车、街道格局、往返交通路线、道路网特征、自行车和行人等对象。

公共设施和服务条件分析：根据已有的资料，在总体规划中注明已有公共设施的位置，包括：给水排水、供电、排洪、照明、通信、煤气等。

约束条件和机遇评估：完成上述任务后，通过分析，解释所采集信息，完成对区域的重要主题构思。确定区域的自然约束条件和将来可能的设计方向。形成一系列的设计原则，作为设计发展阶段的参考。

（b）空间／土地利用方案（文字或图表）

根据第一阶段以及上述条件分析所获取的信息，涉及一个总体的空间规划任务书，以场地区域的百分比表示不同使用用途的土地的相对量。该任务书是设计开发的基础。

（c）总体规划的多方案选择（项目提出）

在此工作阶段，根据在现场实地勘测和调查阶段所搜集的信息，通过视觉过程制定最符合基地项目特点的设计方向。此工作阶段包括如下步骤：

第一，建立基地的发展目标。用各种草图和图表说明区域的整体潜力，这些图表将说明详细的约束条件和机会，清楚地表明所作出的选择。

第二，确定基地的空间系统。

第三，建立路网平面和交通网络。设计一个整合的交通网络以及各个区域之间的格局图，使其可以符合现有的道路和周边地区情况，解决区域开发、交通、安全和公园场地等事宜。对主要道路进行分级，使之能和第一层道路网（现有的公路网）很好地连接，并且可以支持各个区域的交通以确保其有效畅通。这些选择需要进行检验，并且要准备一些与第一层道路网络（现有的公路网）连接的几何规划草图。

第四，确定发展区域。确定潜在的发展区域是总体规划中的一个重要内容（在有些项目中是关键性的内容），界定发展区域的土地使用性质、使用密度，对基地的土地利用有较大

的影响。

在总体规划的多方案选择阶段，有如下一些具体的工作内容：

概念设计：该工作阶段的目标是制定整个区域的规划、开发以及战略的设计方向，并确定以下几点：发展区域和保护区域；道路等级和初步尺寸；建筑类型和公共空间位置；区划的肌理，尺寸和土地使用的关系；环境系统；与周边已开发土地的衔接（用草图来表明有机组成肌理和与整个用地文脉的关系）。

初步报告：准备一份初步报告来说明、分析步骤及设计方向的进展并配有图示、视觉参考文件和说明。给出经济技术指标以帮助评估开发潜力。此步工作的具体内容有：不同用途的每块土地的使用面积（如旅游、居住、商业、绿地、水体等）；公共开放空间；可开发土地的百分比；每种建筑类型的面积；建筑类型；密度；容积率；绿化率。

（d）汇报与交流

至少有两次交流：第一次，在空间／土地利用方案完成后，听取业主及相关专家意见，总结阶段性成果；第二次，总体规划方案完成后向业主进行汇报和交流，在此期间确定最终的设计方向，提出项目的明确目标和方向，为下一阶段的方案赋形作准备。

2）项目意愿的赋形——项目实现阶段

第三阶段：方案规划（项目意愿赋形、项目实现阶段）

（1）工作程序

（a）方案草案——形态，实现方案的进程（Sketch）

方案草案步骤的作用虽然看起来不太重要，但实际上它是最重要的步骤之一。它是连接方案和设计的第一步，因此，需要对功

能和空间组织进行更多的探讨，目的在于做好方案设计的基础。草案被分为了几个步骤：原始场地和元素设计，它包含的是对空间形态、地标、机遇和方案范围的描述；功能组织表，这个步骤涉及到对每个功能要素之间必要联系的思考以及从中选择一个组织原则；空间组织表；方案设计，着手方案要素形体的设计。

（b）项目纲要——协商对基地重点细部的方案选择（Project rough）

首先，项目纲要是对草案阶段理念构思的检验，这时要给方案定出一种风格，选定比例，考虑整体的色彩、光影、材质等。对方案来说，这些要素放在一起要统一。在这个时候，要和甲方讨论有关最终方案的解决问题。有时，做这么一个项目纲要是为了让甲方对方案提出反馈意见，从而使我们可以了解到更多与项目相关的信息。它可能会发现新的潜力，而这些可能是我们曾经忽视的东西。

详细的项目纲要：初步设计需要考虑两个主要的尺度，整个方案的尺度和细部尺度。细部的思考甚至在整个设计完成后仍要进行，有时方案中的一个细部会成为整个方案设计的重要部分。

（c）方案规划——决定一种最终形式（Final project）

最终的方案。当初步设计被接受之后，最终的设计才会开始。演示图片和专门性的计划是最基本的信息集合。

演示图片。方案的讲解和交流需要一些特殊的图片，这些图片能代表方案的效果。它们可能是写实的。要清楚景观设计来源于不可预见的生活实体，它要考虑并表达出这个方案在今后的演进过程中不同阶段的效果、如四季效果等。逼真的图片能很科学、准确地模仿所有土地要素的演进过程，这种效果往往是人们期望看到的。这种表达可能需要使用植物建模、地形建模等软件。

艺术家们往往用一些抽象的图片来表达对土地要素的某种印象，例如一年中色彩随着季节而变化。景观设计师也可以用抽象的图片来表达景观项目的某种抽象目标或特征。

（d）方案规划设计——项目实施的准确方案（Technical plans）

方案的规划设计要求工作人员对建立的所有信息进行重新组合，这些信息往往由很多页组成，每一页都体现了参与这个方案设计的专业团队的具体工作和成果。

（2）工作内容

（a）制定新的任务书。制定一个涵盖技术因素，包括从交通、土地利用到总体规划的综合性任务书，以文本和图表的形式来指导项目下一步的进展。

（b）建筑形式的确定。对项目基地内所确定的建筑风格或景观建筑的风格加以描述，从而形成策略，阐明未来建筑形式、群体组合、密度分配、功能和风格。

（c）交通规划。在此阶段要确定基地区域内各类道路的规划，总体入口的安排情况。

（d）公共空间规划布局。按任务书的要求将基地所在区域的公共空间分成不同的层次和类型。这些公共空间可能包括商场、广场、天然林区、水道、带状绿化空间、小游园以及自行车道等。

（e）自然特色保护规划。通过此阶段的工作，制定一个环境方案来保护和提升项目区域的自然特色以及生态敏感区域。

（f）制定实施策略。对影响项目阶段性

开发效率和成功率的逻辑、技术、经济以及市场因素加以分析，在此基础上制定总体规划实施策略。

（g）确定总体规划和设计的各要素。在此阶段，对总体规划和设计所涉及的各要素加以确定，以明确的参数来指导项目的实施。具体包括如下一些要素：

确定项目各功能区域的选址和边界；

确定各功能区的规模；

涉及周边村镇选址的项目，还需要确定城镇区域选址与规模，并提出合理的分期实施计划；

确定合理的景观建筑的数量和相应的设施；

对项目中建筑/小品群落的色彩、布置提出具体的方案，最好能出具透视图；

对项目中的重要节点、重点地段的环境作出更多的形象性的设计和表达，区域性的规划项目还需对中心城镇的布局有明确的设计表达；

项目基地中土地的使用及使用分配的具体方案；

类型分配；

重要的设计特征的表达；

街区的空间划分和范围；

出入通道以及入口区的规划设计；

自然景点以及建、构筑物的标识；

自然与建筑要素之间的远景规划和关系；

重要建筑因素的区位；

公共开放空间、街区与广场的区位；

环境薄弱区域与目标区域的结合方式；

人行道和自行车道网络；

确定技术经济指标。

（h）最终的规划设计方案文件。最终的规划设计方案文件由于项目类型的不同而不同，

但大致可以包括如下内容（辅助方案、指标、图表、照片、表格、模型、沙盘）：

规划设计要求；

规划设计原则；

总体规划设计概念/思路；

区位分析；

与周边地区或环境的连接关系；

景观规划设计方案与发展特点；

开放空间的处理；

开发区域的处理；

重要的建筑要素和特别的公共空间的处理；

土地利用方案和技术经济指标；

环境保护规划方案；

关键设施要素的规划布置方案；

确定交通模式；

人行交通模式；

车行交通模式；

公共交通系统；

分期实施策略；

确定项目的首期内容；

明确成本分担、主要公共市政设施实施策略。

（i）交流与汇报。

思考与训练：根据景观项目的提出程序修改给定任务书

针对给定的设计任务书，从专业的角度进行分析和评价，指出该任务书的不足或者不完善的地方，提出修改的意见，完成一个修改后的任务书的提纲。

目标：通过对具体的任务书的分析和讨论，理解重新审视任务书的重要性，初步掌握如何拟定一份合理而具有很强的指导意义

的设计任务书。

要求：根据实际情况，可以采取小组讨论、个人独立分析回答等方式，可以放在课堂上讨论，也可以留作课后作业。要求以文字提纲的方式先给出书面回答，然后根据情况组织讨论或交流。

思考与训练：根据景观项目的提出程序分析给定地块并提出适合的景观项目

给定一个特定的项目地点，不设定项目类型和要求，让学习者从专业的角度进行分析和评价，提出一个适合该地点的景观项目。

目标：在前面编写任务书和修改任务书练习的基础上，进一步加深学习者对景观项目的理解；理解项目的提出过程对于项目的最终走向的决定性意义；初步掌握针对一个既有基地如何提出一个合理而专业的景观项目的基本方法。

要求：根据实际情况可以采取小组或个人完成等方式，可以放在课堂上作为习题课讨论，也可以留作课后作业。要求以图文并茂的方式提交作业成果，然后根据情况组织讨论或课堂交流。

作业评析：西安大雁塔至钟楼——历史文化城市的景观感知与概念

首先是景观项目的产生和设计任务题目的确定。

该项目的确立起源于两个命题，一是历史文化名城，在今天的现代化城市空间中具有怎样的特色，二是这些城市风貌特色是如何被感知的。第一个方面通过专业分析可以得到结论，而感知体验方式如何与城市建设相结合却往往

被忽略。乘坐旅游大巴进行景点式观光游览，对城市本体的感知是匮乏的，今天，旅行体验和深度游览越来越普及，而城市的主要旅行路径是每个城市展示魅力、开展旅游活动的主题之一。本项目的确立基于两方面的意愿：西安历史文化名城的展示方式与旅行感知路径，该项目的确立，并不是一般意义上的政府或者开发商的诉求，更具有社会性和城市文化发展的专业性需要。

其次，根据项目意愿，通过现场调查和分析，寻找、确立设计主题；根据主题确定一条展示路径或游线；明确设计基地和设计内容。这三个阶段都需要贯穿景观项目对设计任务设定的总体目标，并注重其在各阶段的分解和深入以及整体过程的连贯性和持续性。

1）背景研究：西安历史文化名城的景观感知

（1）西安城市的历史景观格局特征。

（2）一条黄金步行旅行线。

（3）旅游。

2）历史文化名城空间格局的特质与景观展示中存在的问题（图2-24）

（1）历史景点呈点状分布，缺少空间序列。

（2）封在博物馆中的历史。

（3）断裂的"什"字。西安传统商业路口称为"什子"，如五味什子，现代十字路口已不是以人行为主的商业空间。

（4）现代生活与历史城市的割裂。

（5）"寺"在"市"中的尴尬。

（6）历史遗址地被封闭，缺少公共空间。

3）四个设计题目的确立

题目一：走出博物馆的历史

题目二：闲人、浪、街边

题目三：断裂"什"字的链接

题目四：寺"隐"于市

图 2-24 项目基地分析图

题目一：走出博物馆的历史（History out of the Museums）

了解城市的历史不应该只是博物馆里的特殊时刻，让"围"起来的历史走出庄重的玻璃盒子，"流"入城市公共空间，"走"进日常生活中不经意的一瞥，让地方的人情世故、当地人习以为常的五味六觉，成为历史文化名城的一部分，更能体现历史城市的气息，是创造一条"走出博物馆"也能体验历史的、多重感知方式的游览线。

以人的感知方式入手，以旅游者感知西安重要的象征性的历史文化景点为要求，着重对与人的生理需求和感知方式紧密相关的几个方面作调查，选择了吃——传统小吃，看——有当地城市生活气息和历史遗迹风貌，行——步行和自行车结合，娱——体验特色、快捷的娱乐等四个方面（图2-25）。设计任务的具体展开是以陕西省历史博

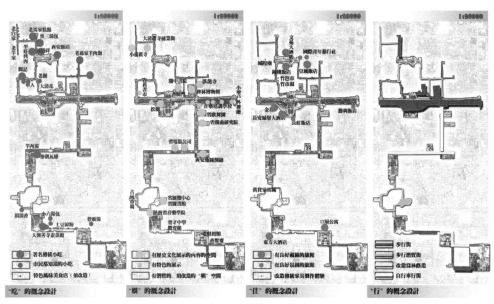

图 2-25 概念生成过程分析图

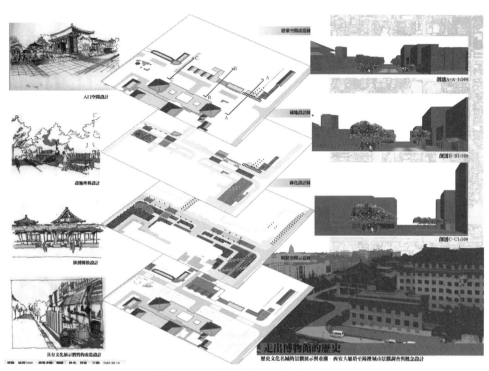

图 2-26　不同要素分析及透视效果图

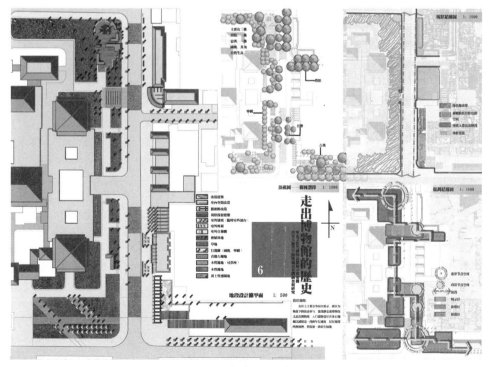

图 2-27　概念设计方案图

物馆东侧的街道空间环境为具体对象，博物馆的围墙内环境与城市的街景空间连通，成为了城市公共空间的一部分，历史博物馆外围环境与四周的商业街道有机结合，让历史走出博物馆（图2-26，图2-27）。

题目二：闲人、浪、街边

历史不应仅仅是古塔、寺庙，更是融于市井的风土人情和特有的公共生活景象。西安人传统的生活行为方式——"闲人在街边浪"（地方话，形容没事儿的人在街边晃悠），是展示西安历史文化名城城市景观特色的重要组成部分，这种市井文化正在受现代生活的侵扰而逐渐消失。人的行为方式、城市街道尺度、人的活动场所、传统建筑的功能转变、限定街道界面的建筑尺度都在发生变化，干扰着人们对整个城市人文脉络的感知（图2-28）。

步行是感知城市丰富的地方文化和生活特色的重要游览方式，也是城市空间人性化发展的需要。然而，现代步行方式与现代生活节奏的冲突，步行空间中历史景点与现代城市开放空间的相对孤立，人步行感知的连续性与城市空间序列的不完整性，街区中居民公共生活空间的缺乏等矛盾和问题，给一个城市景观建设带来前所未有的挑战。

本方案通过对西安大雁塔至钟楼地段城市公共空间的景观感知与居民生活活动的大量调查，选取一条有益的线性空间流线，以步行为主的方式连接具有代表性的历史文化空间，它应具备丰富多彩、指引性强的连续游览线，以帮助游人在一天的行程中感知西安历史文化名城，同时为居民提供联系的公共活动场所。线性空间中，应感知历史在人们生活中的沉淀，构筑居民小区与街道生活，展示西安历史文化景观的特质（图2-29，图2-30）。

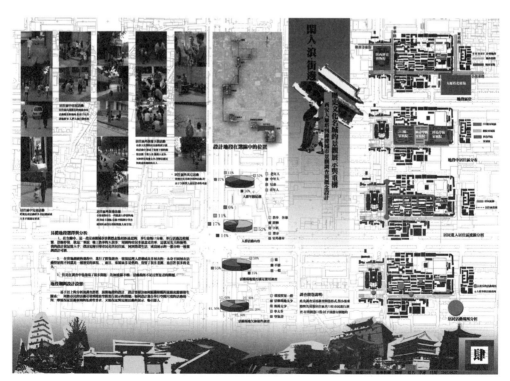

图2-28　人群属性及空间分布分析图

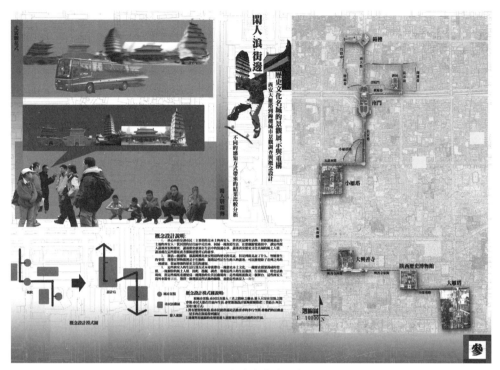

图 2-29　概念生成过程分析图

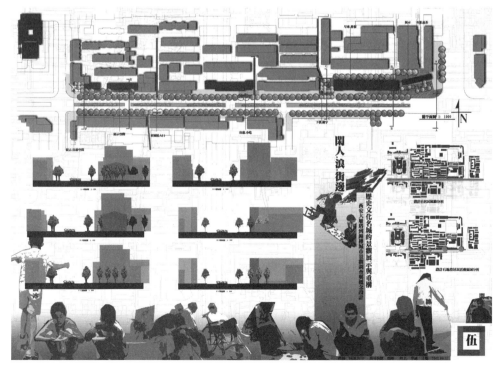

图 2-30　概念设计方案图

题目三：断裂"什"字的链接Reconnections to the broken cross

城市的线性空间是城市空间序列展开的轴线，步行是现代化特别是人性化城市的主要表现。西安历史文化名城的遗存或景点，是穿在连续的线性空间中的珍珠。然而，现代城市大量的机动车交通给人们的步行公共空间带来了不良影响，现代城市的线性空间被断裂，造成行人在心理上对历史文化景点感知的断裂（图2-31）。

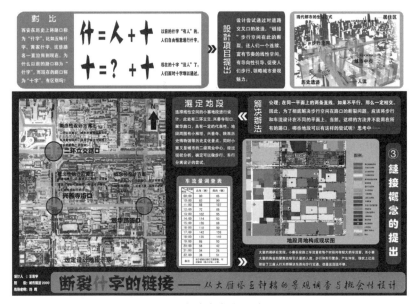

图2-31 概念生成过程分析图

图2-32 节点概念设计方案图

问题集中表现在"什字路口"上,以前的"什字"是有人的,人们自由惬意地通过;如今原有的"什字"丧失了"人"性,缺乏为步行者设计的节点空间,或者是仅仅为机动车交通考虑的设计。本设计方案本着关注城市公共线性空间,体现人性化的原则,充分考虑人的各种需求,并选取翠华路、兴善寺街口、二环立交路口为典型案例,尝试通过对其进行概念性的设计改造,"修复"步行空间在此的断裂,同时强调西安历史文化名城的意义,展示与重构城市景观,让人们感知众多存在于周围的历史

文化景点,有导向性引导,促使人们步行领略城市景观魅力。断裂什字的连接将创造城市线性公共空间的连续,恢复西安的城市历史文化景观品质(图 2-32)。

题目四:寺"隐"于市(Temples "hidden" in the market)

西安历史上一直是佛教文化中心,其他宗教也十分兴盛,大雁塔至钟鼓楼一段线性空间串联了四处寺庙。寺庙隐藏于城市闹市中,是现代生活中心灵抚慰和思想涤荡的场所。寺庙建筑与城市公共空间一墙之隔。一墙之外,交融的城市

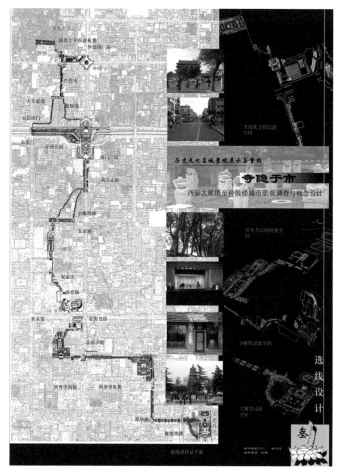

图 2-33　概念设计总平面图

公共空间，特别是城市步行空间，应是从闹到静的时空过渡，是体会历史文化遗产的精神环境，是西安城市生活的一种品质和景观特征，然而这里往往缺乏有节奏的渗透与融合（图2-33）。

本方案构思以此为契机，在实态调研中，以城市意象的分析方法为参考，分析地段的空间节点、标志物、界面、道路等要素，并对人在线性空间中的活动作了重点记录。通过对城市公共空间的解读，挖掘景观潜质，发现重要节点空间与潜在场所空间的联系的可能性，设计选线，并在选线若干点上提出开放化建议，将一些现状的消极空间转化为积极空间，并以陕博至小雁塔导引公共空间概念设计和大兴善寺前导空间节点设计为例，重构该段线性空间，挖掘城市公共空间与寺庙建筑的潜在性联系，使二者相互渗入、相互融合、相互感知，重塑西安城市生活的品质和景观特征（图2-34～图2-37）。

图2-34 总平面图

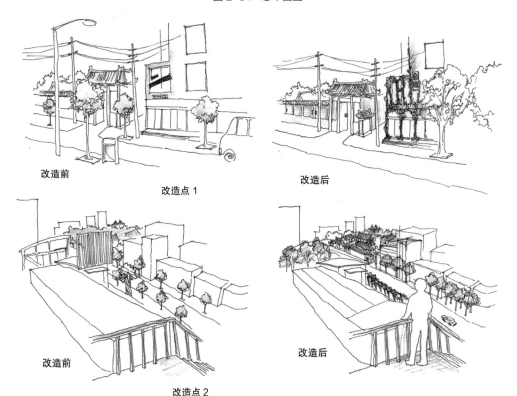

改造前　　　　　　　　　　　　　改造后

改造点1

改造前　　　　　　　　　　　　　改造后

改造点2

图2-35 节点设计方案图

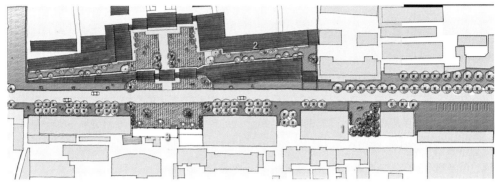

图 2-36　节点平面图

图 2-37　节点透视效果图

2.2.3　项目交流的意义与作用

1）与业主的交流

交流的方式：座谈；讨论；汇报等。

交流的时机：项目开展前；项目开展的各个阶段；最终成果汇报。

交流的意义与目的：了解业主对项目的认识和发展意向；了解项目建设中存在的矛盾；获得项目开展所需要的基础资料（图片、文字、各类图纸、相关政策法规、风俗传统等）；获得业主对项目规划设计的建议或要求；评估业主任务书的合理性；就阶段性的成果与业主交流讨论，就某些问题达成共识，形成阶段性的工作目标，成为下一步工作的依据。

2）与使用者的交流

交流的方式：座谈；问卷调查；访谈；图片展览等。

交流的时机：主要在项目开展前。

交流的意义与目的：了解使用者对项目开发的看法；了解使用者对项目开发的期待／希望（功能、形式、规模、收费情况、管理方式等）；通过问卷调查，获得较准确的关于项目的统计学数据（取得何种数据则取决于问卷的设计者，不同的项目，所设计的问卷内容是不一样的）；获得使用者对项目的评价。

3）与工程实施方的交流

交流的方式：座谈；讨论；图纸交底；图纸答疑；图纸变更；现场沟通；项目回访等。

交流的时机：在项目开展前；项目进行过程中；项目结束验收时；竣工后的项目回访。

交流的意义与目的：向建设者传达设计构思和立意及施工图中的细节问题，说明施工中的主要工艺、材料等特殊设计要求；解决施工过程中出现的设计问题；了解工程完成情况是否达到设计标准和技术要求；从施工方的角度获得对项目的评价和建议。

4）与管理者的交流

交流的方式：座谈；讨论；访谈；汇报等。

交流的时机：项目开展前；项目开展的过程中。

交流的意义与目的：了解管理者对项目开发的看法；了解管理者对项目开发的期待／希望，使项目更便于实际管理；通过反馈信息来指导项目的规划设计；获得管理者对项目的评价，以帮助后续工作的展开。

5）与合作者的交流

交流的方式：讨论；图纸交流等。

交流的时机：项目开展前；项目开展的各个阶段。

交流的意义与目的：了解合作者对项目开发的看法；了解合作者对项目开发的设想（功能、形式、规模、收费情况、管理方式等）；获得合作者在项目进展中的中间成果，使之与自身的成果协调统一；就项目进展中的一些专业问题达成一致的意见，形成明确的阶段性目标，指导下一步的规划设计工作。

2.2.4　不同类型景观项目的工作程序和内容

不同类型的景观项目，在工作程序、方法及工作内容上有大量共性的东西，但由于项目性质和功能要求的不同，其工作程序和内容也有较大差别。下面以城市公园绿地景观项目为例来说明一般景观项目的具体工作程序和内容。

1）城市公园绿地景观项目的工作程序和内容

（1）项目提出

第一阶段（观察、分析）的工作内容：

实地勘测：土地利用的情况，环境特点及自然景观，现状交通条件，基地与领近区域的衔接情况，滨水地带、水面、地形地貌特点，地方习俗、文化传统和生活方式等。

图文资料收集：实地勘测资料图文化，数码平面图（地形、建筑物、构筑物现状、水体等），湿地、岸线和周边河流、溪流，公共基础设施条件图（给水排水图、供电图等），土壤条件（图文），植被条件（图文），气候（文字、表格等），业主的发展任务书或目标，交通条件图，使用者的构成情况，使用者的特点。

项目交流：分别与政府代表、业主、使用者、管理者、合作者进行讨论、沟通和交流。

第二阶段（理解基地，项目策划）的工作内容：

条件分析：国内外相关项目分析，自然肌理和土地利用现状分析，环境质量分析，道路交通条件分析，使用者的构成和使用特点分析，服务半径分析，公共设施和服务条件分析，在城市绿地景观系统中的地位和作用，约束条件分析。

空间／土地利用方案（文字或图表）。

总体规划的多方案选择：发展目标，空间系统，结构布局原则，路网平面和交通网络，确定预备发展区域，项目的功能选择与定位。

指导形态设计的内容：概念设计（功能区、道路等级和初步尺寸、建筑类型和公共空间位置、整体肌理尺寸和土地使用的关系、色彩、建筑高度、环境系统、与周边已开发土地的衔接），初步报告（各类用地的使用面积、公共开放空间、每种建筑类型的面积、建筑类型、密度、容积率、绿化率）。

汇报与交流。

（2）项目赋形

第三阶段（方案规划）的工作内容：

制定新的具体指导此阶段工作的任务书；建筑小品、设施形式的确定；交通规划（确定基地区域内各类道路的规划，总体入口的安排情况）；公共空间规划布局；自然特色保护规划。

确定总体规划和设计的各要素：各功能区域的选址和边界，各功能区的规模，确定合理的景观建筑的数量和相应的设施，对项目中建筑／小品群落的色彩、材料、布置提出具体的方案，铺地的形式、色彩和材料，驳岸的处理方式，水的处理，植物要素的选择，对项目中的重要节点、重点地段的环境作出更多的形象

性的设计和表达，重要的设计特征的表达，出入通道以及入口区的规划设计，景点以及建构筑物的标识，生长的自然要素与建筑要素之间的远景规划和关系，重要建筑因素的区位，公共开放空间，人行道和自行车道网络，确定技术经济指标。

最终的规划设计方案文件：辅助表达手段（指标、图表、照片、表格、模型、沙盘），规划设计要求，规划设计原则，总体规划设计概念／思路，在城市中的位置分析，与周边地区或环境的连接关系，景观规划设计方案与发展特点，开放空间的处理，开发区域的处理，重要的建筑要素和特别的公共空间的处理，土地利用方案和技术经济指标，关键设施要素的规划布置方案，确定交通模式，人行交通模式，车行交通模式，与公共交通的衔接关系，分期实施策略，概算。

交流与汇报。

2）其他各类型景观项目在工作程序和内容上的要点

（1）商业景观项目

商业景观类项目对交通条件、区位、周边土地利用、临街界面、活动人群类型等因素比较敏感，在实地勘测和图文资料收集时应重点加以注意。在条件分析时要注重对国内外相关项目案例的分析和对使用对象特点的分析，并进行约束条件和机遇评估。形态设计之前一般应完成如下内容：概念设计（发展区域和保护区域、道路等级和初步尺寸、建筑类型和公共空间位置、区划的肌理、尺寸和土地使用的关系、与周边已开发土地的衔接），初步报告（不同用途的每块土地的使用面积、公共开放空间、可开发土地的百分比、每种建筑类型的面积、建筑类型、密度、容积率、绿化率）。

在形态规划设计阶段应确定总体规划和设计的各要素：各功能区域的选址和边界，对项目中建筑/小品群落的色彩、布置提出具体的方案，对项目中的重点节点、重点地段的环境作出更多的形象性的设计和表达，街区的空间划分和范围，出入通道以及入口区的规划设计，植物要素的选择，公共开放空间、街区与广场的区位，人行道和自行车道网络，确定技术经济指标。

最终的规划设计方案文件中跟项目类型紧密相关的内容有：重要的建筑要素和特别的公共空间的处理，城市文脉保护规划方案，关键设施要素的规划布置方案，确定交通模式、人行交通模式、车行交通模式、公共交通系统、分期实施策略等。

（2）城市总体规划类项目

城市总体规划类项目的系统性很强，与城市总体规划的关系十分紧密，实地勘测和图文资料收集的工作量很大，图文资料收集的主要内容有：城市土地利用现状资料，城市人口及发展趋势，城市生态环境评估报告或相关资料，最近一轮或两轮的城市总体规划文件，与总体规划相关的河道、水利、林业、气象、交通、旅游、环卫、经济等方面的资料（图文），实地勘测资料图文化，数码平面图（地形、建筑物、构筑物现状、水体等），湿地、岸线和周边河流、溪流，规划用地及周边环境的数码航测照片，公共基础设施条件图（给水排水图、供电图等），土壤条件（图文），地理特征（图文），植被特征（图文），气候（文字、表格等），业主的发展任务书或目标，涉及规划用地和周边环境的官方政策，与总体规划相关的政策、法规文件，交通条件图等。

每个城市都有自身的人文和地理特点，在

项目分析时要总结和归纳这些重要特点。由于涉及的面很广，在项目过程中和不同人员和部门的交流和沟通十分重要。

在形态规划和设计阶段应关注如下要素：各功能区域的选址和边界，各功能区的规模，对项目中建筑/小品的整体色彩、布置提出具体的指导原则，对项目中的重要节点、重点地段的环境作出更多的形象性的设计和表达，项目基地中土地的使用及使用分配的具体方案，重要的设计特征的表达，街区的空间划分和范围，出入通道以及入口区的规划设计，自然景点以及建构筑物的标识，植物要素规划，自然与建筑要素之间的远景规划和关系，公共开放空间、街区与广场的区位，环境薄弱区域与目标区域的结合方式，人行道和自行车道网络，确定技术经济指标。

（3）交通绿地景观项目

交通绿地景观类项目对交通安全及防护的要求比较高，是项目展开的基本出发点。实地勘测时应对车流和人流现状、现状道路交通模式等重点加以关注。在项目分析时应进行交通流向分析，明确项目在城市绿地景观系统中的地位和作用。在形态规划设计阶段应重视对人流与车流关系的规划（研究人的流动对行车的影响情况，将不良影响降至最低）。

总体规划和设计的重点要素包括：重点地段环境形象性的设计和表达，重要的设计特征的表达，景点以及建构筑物的标识，自然与道路要素之间的远景规划关系，人行道的铺底形式、色彩、材料、植物要素的选择。

（4）厂矿、企事业单位绿地景观项目

本类项目一般不对外开放，基地的用地性质对规划设计的影响很大。实地勘测时应了解项目所在单位的整体土地利用现状，基地现状用途，现状环境特点，基地与单位内部其他功能区 / 建筑的衔接关系，基地的地貌特点等；图文资料收集时不能缺少公共基础设施条件图（给水排水图、供电图等），土壤条件（图文），植被条件（图文），业主的发展任务书或目标，使用者的构成，涉及规划用地和周边环境的官方政策，项目企业 / 单位对景观环境的特殊要求，项目企业 / 单位自身的特点等资料。

（5）学校环境景观项目

本类项目具有一定的社会开放性，图文资料收集时应根据学校的性质及学生的生活学习要求来展开，应了解学校的类型及其特点，学生的特点，学校及学生在教学和生活上对环境的要求与期望等。项目分析时要重视学校的教学特点和教学功能分析、学生的特点及使用需求分析等。

（6）生产及防护绿地规划设计项目

此类项目功能相对单一，应注重环境特点、基地与邻近区域的衔接情况，水体、山体及相关地理地貌特点，生产用水来源，生产及防护绿地的特殊要求等。

规划和设计的重点要素包括：各功能区域的选址和边界，各功能区的规模，确定相应的设施，项目基地中土地的使用及使用分配的具体方案等。

（7）资源型项目

该类项目往往具有丰富的自然资源或人文资源，项目对资源的保护或开发是考虑的重要出发点之一。对项目的生态效益或社会效益期望较高，涉及的领域比较宽广，实地勘测时应关注水体、丘陵、山景和相关地理地貌特点、地方习俗、文化传统和生活方式等相关要素。图文资料收集时不可遗漏土壤条件（图文），地理特征（图文），植被特征（图文），生物种类及其在基地内的分布情况，动物数量的发展趋势数据，气候（文字、表格等），业主的发展任务书或目标，涉及规划用地和周边环境的官方政策，交通条件图，现状交通运力数据，客源地及客源情况，历年的游人量统计表，游客的构成情况统计表，现状游客容纳能力，与生态容量相关的数据，经营管理的现状，地方经济发展的相关数据和指标等的收集。

项目分析时，对环境质量和自然特征、道路交通条件、公共设施和服务条件、游客构成、市场和客源地、生态容量、旅游接待能力等有相应的要求。在规划内容上对自然特色保护、生态保护、资源与市场等有明确要求。

总体规划和设计的主要要素包括：各功能区域的选址和边界，各功能区的规模，确定相关城镇区域选址与规模及分期实施计划，确定合理的景观建筑的数量和相应的设施，对项目中建筑 / 小品群落的色彩、布置提出具体的方案，对项目中的重要节点、重点地段的环境作出更多的形象性的设计和表达，关于中心城镇布局的明确的设计表达，项目基地中土地的使用及使用分配的具体方案，重要的设计特征的表达，街区的空间划分和范围，出入通道以及入口区的规划设计，自然景点以及建构筑物的标识，自然与建筑要素之间的远景规划和关系，重要建筑因素的区位，历史文化要素的保护和规划，公共开放空间、街区与广场的区位，环境薄弱区域与目标区域的结合方式，旅游接待设施的位置、形式、容量规划，景点规划，人行道和自行车道网络，确定技术经济指标。

最终的规划设计方案文件中不应缺少与周边地区或环境的连接关系，景观规划设计方案与发展特点，开放空间的处理，开发区域的处理，重要的建筑要素和特别的公共空间的处理，生态环境保护规划方案，关键设施要素的规划布置方案，交通方案，生态容量控制规划，旅游接待设施规划，景点规划，游线规划，分期实施策略，项目投资效益分析等内容。

（8）生态恢复类项目

此类项目以生态环境的恢复为主要目标，强调生态环境效益和社会效益的平衡关系。实地勘测时应对各类自然要素重点关注。收集资料时也应从相关角度进行。项目分析阶段要重视对环境质量和自然特征、生态/环境破坏的原因、约束条件和机遇评估等的分析。形态设计时要注意规划的肌理、尺寸和土地使用的关

系，环境系统，与周边已开发土地的衔接，可开发土地的比例等内容。

总体规划和设计中应注意的要素：确定相应的设施，对项目中的重要节点的景观恢复作出更多的形象性的设计和表达，重要的设计特征的表达，出入通道以及入口区的规划设计，标识设计，各景观要素之间的远景规划关系，环境薄弱区域与目标区域的结合方式，人的活动路线规划，确定技术经济指标等。规划设计方案文件不能遗漏生态保护和恢复规划，与周边地区或环境的连接关系，景观规划设计方案与发展特点，关键设施要素的规划布置方案，确定交通模式（人的活动方式），分期实施策略等特征内容。

2.3 案例研究：某城市中心公园景观项目

2.3.1 项目来源及背景

1）项目来源

该项目于2010年受XXX市规划局委托，其项目建设的意义主要体现在以下三个方面：首先是有利于满足本地市民的大众游憩需求，完善XXX市绿色休闲空间的构建；二是在保护传统城市肌理的基础上，借助公园的建设，进一步凸显城市的自然山水格局，加强城市各公共空间的步行连接；三是将公园、周边商业开发和保护城市传统风貌统筹考虑，提升市中心区的整体景观环境形象，并使其作为西安第二生活区的理想度假地，对类似项目起到示范和带动作用。

2）基地区位及范围

该项目建设用地位于XXX市中心地区。它是以发展商贸、旅游和现代工业为主的现代化生态园林旅游城市。"中心公园"的建设将依托XXX"莲湖公园"，它坐落在古州城的西南隅，紧邻丹江，南眺龟山，北望金凤山，公园历史悠久，不仅湖色明媚，植被良好，更有宋、元时期古城墙的西南残余作为现状公园的南界。"莲湖公园"现有总面积120亩（其中水面70亩），东西修长，南北宽窄不等，范围西至工农路，东至中心街，南端至老城墙（城墙以南，江滨路以北有大面积农田），北部是待拆迁改造的传统街区。"莲湖公园"的周边还有如大云寺、城隍庙等具备丰厚的文化底蕴

的文物点。"中心公园"的建设在东（中心街）、西（工农路）、北（西街传统街区）范围不变的情况下，将南部范围部分扩大至江滨路，总规划面积约 18.3 公顷。项目力求将新老公园交相辉映，整体打造为 XXX 市最具特色，城市建设区内最大的"中心公园"。

随着几条高速交通线路的即将修通，将会影响到莲湖公园未来功能的进一步提升。公园除了满足市民的休闲游憩，改善城市生态环境和景观形象外，还将吸引更多的外地人开展休闲、会议、旅游等活动。另外，XXX 市经济正在较快地发展，市政府对环境建设的重视和投资力度的加大会给公园的发展带来巨大的机遇。

3）基地自然环境

XXX 市因境内的山、水而得名，拥有深厚的文化底蕴、丰富的旅游资源、优美的山水环境和宜人的气候条件，辖七县（市），地形地貌结构复杂，素有"八山一水一分田"之称。境内有六大山脉，绵延起伏，岭谷相间排列，地势西北高，东南低，由西北向东南伸展，呈掌状分布。主要河流有丹江等五大河流，纵横交错，支流密布，横跨长江、黄河两个流域。北部气候属暖温带，南部气候属亚热带。同时，XXX 市自然资源比较丰富，素有"南北植物荟萃""南北生物物种库"之美誉。

项目基地位于丹江北侧，老莲湖公园中的现状植被呈现出种类丰富，形态优美的良好生长状态，是构成公园景象的重要基底，江滨路以北的农田、湿地中也有诸多值得保留的大树。分别位于南、北的龟山与金凤山公园是俯视莲湖公园的极佳场所，同时，基地内也是欣赏龟山与金凤山山体景观界面的良好开阔地。基地周边山清水秀，生态和水资源十分丰富，是在中心城区体现城市山水文化和完善生态网络系统的理想场地。基地也是被丹江串联起来的仙娥湖水库、丹江公园、龟山公园等自然景观及旅游休闲带中的一个重要组成部分。

2.3.2 项目工作内容和程序

1）接受方案阶段委托任务书

XXX 市中心公园景观设计任务书（甲方提供）

一、规划设计内容及要求

公园定位：服务于全市居民的城市综合公园。

功能要求：在保留与改造老公园的基础上，南扩部分功能设置应满足城市居民，尤其是周边居民的户外文化娱乐活动要求。考虑老公园南界即城墙的合理保护与利用。

风格要求：从空间布局到建筑风貌体现城市地域特色。

技术指标要求：沿公园东边界设计 30000m² 左右的商业街，其他指标符合相关规范要求。

设计原则：以人为本、文化展示与振兴、可持续发展。

资金要求：无

二、设计依据

1.《中华人民共和国城乡规划法》（国务院颁布，2007 年）

2.《中华人民共和国城市规划编制办法》（2006）

3.《城市规划编制办法实施细则》（原建设部颁布，1995 年）

4.《城市规划基础资料汇编》

5.《XXX 市总体规划》及其他专项规划

6. 中心公园地形图

7.《公园设计规范》CJJ48—92

8.《城市绿地设计规范》GB 50420—2007

三、设计成果要求

1. 综合说明书

（1）设计方案说明：阐述设计指导思想，说明布局的特点及立意。

（2）计算出各个景点占地面积情况。

（3）公园用地平衡表及各主要建筑的建筑面积。

2. 主要设计图

（1）基地分析图

（2）方案概念分析示意图

（3）总体平面图

（4）总体鸟瞰图

（5）各主要景点的效果图

（6）总体剖面图

（7）沿街立面图

（8）景观工程估算

（9）设计方案和施工图设计收费要求简述

四、设计周期

方案设计周期为 2 个月。

五、附图

1. 城市总体规划 1 份。

2. 场地地形图 1 份。

2）资料分析与现场调研

步骤一：城市总体层面的资料解读与调研（图 2-38）

具体内容：

（1）城市总体规划及相关专项规划的解读。

（2）城市历史文化特色。

（3）城市绿地（各类公园、景区）的建设概况：了解其他公园的建设情况、使用状况、功能、风貌特色和优劣势。

（4）城市的传统建筑及街区特征。

（5）地区的植被特点与类型：植物列表（名称、习性等），了解 XXX 市适宜生长的植物种

图 2-38　城市环境分析图

类及特点。

目的——从城市总体层面的分析审视公园设计：

在对城市总体规划、社会发展规划、相关专项规划及其他资料分析解读的基础上，展开对城市总体景观特色的调查，包括自然山水格局、生态环境、其他已建绿地营建特点等，从而明确公园在城市总体景观（包括城市的绿地系统、开敞空间、防灾系统、游憩空间）中扮演的角色与承担的职能。

步骤二：地段层面的调查研究（选择研究范围）（图2-39）

具体内容：

（1）公园周边的开敞空间及历史文化资源分布。

（2）公园周边的街区及建筑风貌评价。

（3）公园周边的用地性质现状。

（4）公园周边交通分析（人流、车流及道路等级）。

目的——从地段层面的分析审视公园设计：

将研究范围扩大至北新街、江滨路（包括丹江及丹江公园）、工农路、东环路的整个街区，而不仅仅局限于公园本身规划用地范围。在步骤一的分析基础上，从街区内的流线组织、景观节点、景观界面与肌理组织四个维度提出公园与周边的"整体环境构想"，并且对西街、江滨路、中心街、工农路所围合的街区内的（公园用地范围外）建筑功能、布局、街巷空间组织等提出要求。该部分的目的在于梳理公园与周边用地在步

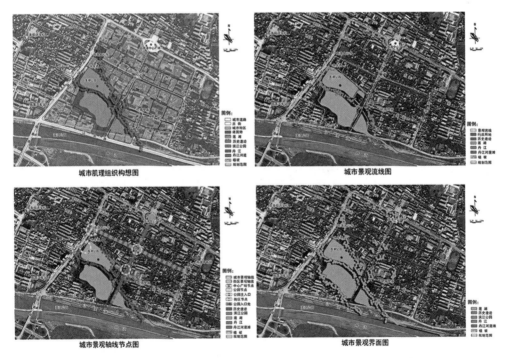

城市肌理组织构想图　　　　　城市景观流线图

城市景观轴线节点图　　　　　城市景观界面图

整体环境构想

1：将研究范围扩大至北新街、滨江路、工农路、东环路的整个街区，将中心街打造为街区的特色商业和景观轴。

2：在公园建设中形成以水面为主体的空间，沿中心街形成空间序列：水面-树林-商业街-广场，让公园更好的融入城市。

3：周围形成上店下宅式的多功能BLOCK街区，建筑布局与形态延续城市的传统空间肌理，突出地城街巷的空间尺度，保护商洛历史文化风貌。

图2-39　整体环境构想图

行交通、空间结构、功能布局等方面的关系，明确公园在地段层面开敞空间中扮演的角色。

步骤三：基地内部的调查分析（图 2-40、图 2-41）

具体内容：

（1）现状地形；

（2）现状水体（水文）；

（3）现状植被类型与评价；

（4）现状建筑物与构筑物（含古迹）；

（5）老莲湖公园的出入口、游线、功能活动与游人行为等内容；

（6）视线分析；

（7）访谈与观察：市民的户外休闲模式、出行模式及对新公园的期望。

目的——从公园内部的自然与人文条件审视公园设计：

将研究尺度进一步缩小至公园规划设计范围及其紧邻边界区域。从公园内部现状用地类型、交通、视线、内部植被、水文等几个角度诊断目前场地存在的问题，并提出相应的"对策"及 SWOT 分析结论。目的在于明确公园设计在上述各个角度需要解决的问题。

用地及交通分析

现状

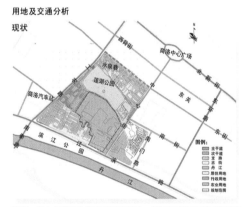

构思

诊断：当中心街与北部的支路修通后，基地四周将均被城市道路所包围，拥有便利的交通条件和可达性，却一定程度上割裂了步行的连续性。

对策：一方面利用交通便利打造沿街商业，并形成尺度怡人的商业街；同时，打通主要的步行系统联通丹江公园至大云寺，北部新建城市支路旁设千尺廊，步行连接至城隍庙。

开敞空间及视线分析

现状

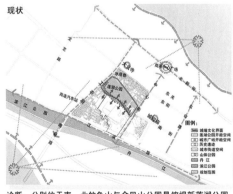

构思

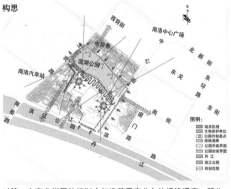

诊断：分别位于南、北的龟山与金凤山公园是俯视新莲湖公园的最佳场所，同时，基地周边城市道路多以龟山与金凤山体景观界面为对景；老城墙本身是基地内重要的风景线。

对策：在商业街区的规划中打造若干南北向的视线通廊；新公园规划在视觉上提供多视觉欣赏城墙，充分展示老城墙朴实自然的美感，并于公园中增设 2 个新的观景点。

图 2-40　交通与视线分析图

植被与水体分析

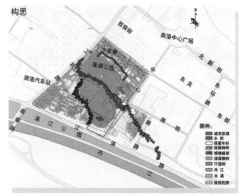

诊断：1 基地位于丹江一级阶梯，地下水位较高，现场有大面积的农田湿地；2 老莲湖公园中的现状植被呈现出种类丰富，形态优美的良好生长状态，是构成公园景象的重要基底。

对策：1 扩建湖面，将新老公园水面连接；丰富商洛"山、水、城"一体的现代城市景观风貌，湖水引入商业街区形成水街；2 保护老莲湖公园中水杉、旱柳、垂柳等生长良好的植物；原地保护（或移栽）农田湿地区域的大树；新潮南侧形成一新的绿化界面（廊道）至丹江公园。

设计中保留的植被现状

图2-41　植被与水体分析图

3）反馈修正任务书

XXX市中心公园景观设计任务书

（修正后）

一、规划设计内容及要求

公园定位：满足全市居民日常休闲游憩与户外文化生活需求，改善城市生态环境和景观形象，同时带动城市旅游业及街区经济发展的市级综合公园。

功能要求：置换部分老公园的功能（儿童活动区变更为休闲会所），南扩部分具体设置购物餐饮区（商业街）、文化娱乐区（露天剧场户外演出）、安静游赏区（城墙漫步、湖面荡舟、疏林草地与密林游赏）、儿童娱乐区、青少年运动区等。

风格要求：首先，空间风格特色：在公园周边形成下店上宅式的多功能 BLOCK 街区，延续城市的传统空间肌理，突出地域街巷的空间尺度，保护城市历史文化风貌，同时拉近大云寺和公园的关系，扩大大云寺的文化影响力。公园内部建设中依城墙南侧形成以水面为主体的空间，让公园更好地融入城市。其次，建筑风貌突出该地域秦楚交融的历史文化特色，挖掘地域建筑的传统形式与符号，在公园建筑设计中予以体现。

技术指标要求：商业街 22000m^2（沿公园的东边界设计），厕所 2 处（各 30 个蹲位），停车场 1 处（满足近期 80 个停车位），园务管理用房 1000m^2，观景塔 1 个、休闲会所 1400m^2。其他设施配套符合相关规范要求。

设计原则：以人为本、文化展示与振兴、可持续发展。

设计目标：主要体现在以下四个方面：

首先，在满足功能流线要求的基础上满足场地竖向、雨洪系统与生境营造、植物景观设计、空间艺术性建构以及节点设计等方面的景观规划设计内容。

其次，有利于满足本地市民的大众游憩需求，完善城市绿色休闲空间的构建，加强街区各公共空间的步行连接。

再次，在保护传统城市肌理的基础上，将公园、周边商业开发和传统建筑风貌保护统筹考虑，借助公园的建设，进一步凸显城市的自然山水格局，提升中心区的整体景观形象。

最后，借助城墙的保护与利用，使新老公园一体，成为展示城市山水风貌及历史文化的中央公园，成为宜人、怡人、冶人的现代绿地空间，并对类似项目起到示范和带动作用。

二、设计依据

1.《中华人民共和国城乡规划法》（国务院颁布 2007 年）；

2.《中华人民共和国城市规划编制办法》2006；

3.《城市规划编制办法实施细则》（原建设部颁布 1995 年）；

4.《城市规划基础资料汇编》；

5.《XXX市总体规划》及其他专项规划；

6. 中心公园地形图；

7.《公园设计规范》CJJ 48—92；

8.《城市绿地设计规范》GB 50420—2007。

三、设计成果要求

1. 综合说明书

（1）设计方案说明：阐述设计指导思想，说明布局的特点及立意；

（2）计算出各个景点占地面积情况；

（3）公园用地平衡表及各主要建筑的建筑面积。

2. 主要设计图

（1）基地分析图；

（2）方案概念分析示意图；

（3）总体平面图（需包含竖向设计信息）；

（4）总体鸟瞰图；

（5）各主要景点的效果图；

（6）总体剖面图；

（7）沿街立面图；

（8）种植规划设计（需表达种植区的划分及骨干树种）；

（9）铺装设计（分区及意向）；

（10）照明设计；

（11）服务设施布局；

（12）建筑及小品设计意向；

（13）景观工程估算。

四、设计周期

方案设计周期为2个月。

五、附图

1. 城市总体规划1份；

2. 场地地形图1份。

任务书修正说明

（1）基于资料分析与现场调研：从宏观（城市层面）—中观（地段层面）—微观（基地）三个层面，多层次、多视角地分析了公园建设的优势、劣势、机遇与挑战。分析结论可为任务书的修正提供全面的指导思想。

（2）对甲方提出的具体意愿进行调整：修正后的任务书将沿公园的东边界商业街的面积从 30000m² 调整至 22000m²。将商业街面积减少，是出于对街区整体景观形象及公园东边界设计的考虑。

（3）针对规划设计内容与要求部分进行分项细化：如对公园定位的调整与深化、功能区的具体设置内容、风格要求与技术指标的进一步明确，并增加了设计目标的阐述。从定性描述和量化指标两个方面为下一阶段方案设计提出更为明确的指导。

（4）深化和增加了设计成果的内容与要求。

4）公园景观方案设计（改扩建）

步骤一：场所与场景的构思

景观空间承载着功能、审美、生态三重含义，任何一个用地布局的思考过程都是以保护和突出这三重内涵为目标的。规划设计的第一步是从三维空间开始，在现状调研的基础上针对场地内典型空间进行场所与场景构思，并在现状基地照片的基础上进行改绘（图 2-42）。

"场所构思"是从户外活动的基本需求出发，从场地适宜的尺度、地形条件、空间特征到室外物理环境的舒适度，构建适合于某项活动（或多类型活动）展开的场所。"场景构思"是构思空间中的"景象"，包括场地中的构景元素及元素之间的结构关系，空间中的色彩、材质、肌理以及精神、情感等方面。这一过程体现了对于理想空间愿景的思考，也能反映对场地原有生境条件、自然及人文要素的态度。

城墙现状照片

城墙改造设计意向

图 2-42　城墙南侧场景构思

步骤二：用地布局模式的对比研究

用地布局是通过对场地的功能区划分和各景观要素在空间上的有效组织来实现的。通过合理地安排与布局，用地除了可以承载预期的功能活动外，还可以起到延续场地记忆、保护场地既有自然与人文信息、营建舒适小气候、满足视觉审美等多方面作用。

根据上述的场所、场景构思探索多种用地

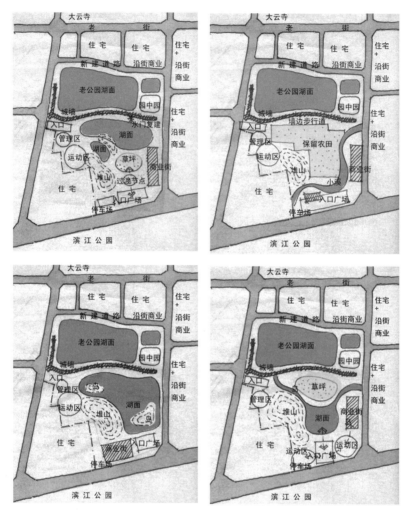

图2-43　用地布局模式图

布局的可能性，提出若干简单的布局模式图（图 2-43）。这些模式图都包含了两个方面的信息，一是空间的结构关系（山水位置关系），二是功能的布局。由于多要素的彼此关联与牵制使景观空间具备整体性与复杂性，众多的问题与目标往往很难在一个空间中加以解决和达成。因此，这一阶段的工作中要时时谨记基地分析时得出的结论，包括发现的问题及相应的对策，并及时理清问题的主次，抓住核心矛盾。最后，从若干模式图中选择一个目前最理想（综合效益最大）的进入到下一阶段的工作。

步骤三：分析示意图

上述被认可的用地布局模式可作为景观方案的雏形，可根据它深化对方案的研究，从而完成景观空间结构、视线组织、功能分区、游线组织等分析示意图。

步骤四：方案的调整、深化与完成

根据上述分析示意图进一步完善空间形态，深化包括竖向设计、种植规划设计、铺装分区、照明设计、服务设施等方面的内容，并

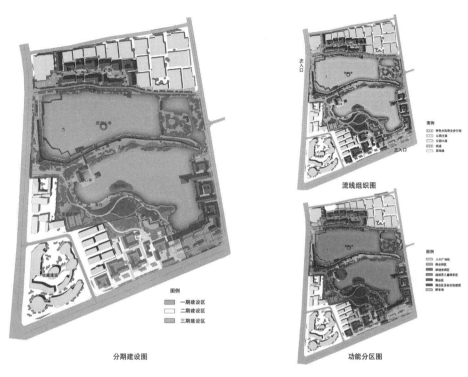

图 2-44　功能分区与游线组织图

图 2-45　公园设计总平面图

最终完成方案阶段的工作，达到修正后任务书的成果要求。在整个两个月的方案过程中，甲乙双方开展过多次的汇报讨论会，每一阶段的工作都是在甲方参与意见的基础上进行的调整与深化，因此，方案最终的结果也有部分甲方意愿的体现（图2-44～图2-47）。

图2-46　效果图

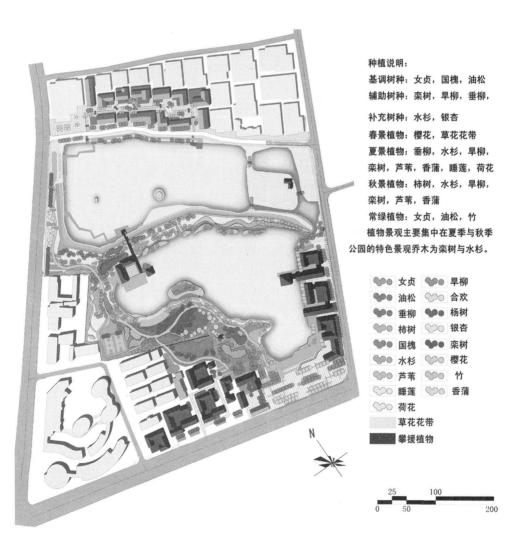

种植说明：
基调树种：女贞，国槐，油松
辅助树种：栾树，旱柳，垂柳，
补充树种：水杉，银杏
春景植物：樱花，草花花带
夏景植物：垂柳，水杉，旱柳，栾树，芦苇，香蒲，睡莲，荷花
秋景植物：柿树，水杉，旱柳，栾树，芦苇，香蒲
常绿植物：女贞，油松，竹
植物景观主要集中在夏季与秋季公园的特色景观乔木为栾树与水杉。

女贞　　旱柳
油松　　合欢
垂柳　　杨树
柿树　　银杏
国槐　　栾树
水杉　　樱花
芦苇　　竹
睡莲　　香蒲
荷花
草花花带
攀援植物

N

图2-47　种植设计图

步骤五：施工图设计

施工图与方案的差异：在方案的基础上有

局部细节的调整，但基本符合方案的整体设计意图（图 2-48、图 2-49）。

图 2-48　南扩区域竖向设计图

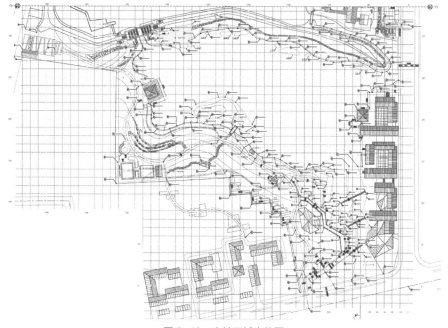

图 2-49　南扩区域定位图

步骤六：施工与落成

建成与施工图的差异：

（1）实施过程简化了施工图中的部分设计内容（如部分小品建筑在近期内未得到建设）。

（2）商业街建筑布局与规模的不同（目前是商业内街的形式）。由于商业街建筑设计是委托给另外一家建筑设计单位，虽然景观负责单位也考虑了商业街的规模和布局，并与该单位在会议中有过多次探讨。但建筑方案及施工图部分是由该单位单独完成的，因此，与景观方案及施工图总图部分中的商业街有所不同（图 2-50）。

图 2-50　建成效果

2.3.3　总结

任何一个景观项目从立项到建成往往都经过长达几年的时间，这中间会受到多方因素的综合影响，首先是甲方的意愿与资金条件，其次是设计师对项目的理解与完成情况。对于景观项目而言，施工质量对建成效果的影响占到相当大的比重。与此同时，在整个项目周期中，参与人员的偶发性变动、社会需求与经济条件的变化等因素都有可能成为无形的力量影响项目的进度与最终的呈现。

推荐读物

[1]（美）弗雷德里克·斯坦纳. 生命的景观——景观规划的生态学途径（第二版）[M]. 周年兴、李小凌、俞孔坚等译. 北京：中国建筑工业出版社，2004.

[2]（美）伊迪丝·谢里.建筑策划——从理论到实践的设计指南[M].黄慧文译.北京：中国建筑工业出版社，2006.

[3] 庄惟敏.建筑策划导论[M].北京：中国水利水电出版社，2000.

[4] 李铮生.城市园林绿地规划与设计（第二版）[M].北京：中国建筑工业出版社，2006.

[5] 杨赉丽.城市园林绿地规划[M].北京：中国林业出版社，1995.

景观空间——场景与生境
Landscape Space: Scene & Habitat

学习导引

学习目标

培养学习者景观设计的方案构思能力。

（1）掌握景观空间的概念以及在功能活动、场景构建与生境营造等三方面所构成的基本设计内容，"空间组织"作为基本原理和方法，"功能空间与流线组织"是方案构思的基本要求。

（2）掌握景观空间"场所"与"场景"的基本概念，学习空间中人的活动构成的场所以及"场所中的场景构建"方案构思途径和空间组织原理及其方案表达方式。

（3）掌握景观空间"场地"与"生境"的基本概念，学习"场地中的生境营造"方案构思途径和空间组织原理及其方案表达方式。

（4）建立景观设计中不同类型空间尺度与相应尺寸的数据库，学习景观设计方案的交流与表达方法。

内容概述

第三部分主要围绕如何做景观设计展开四个方面的叙述，这是"景观三角形"中最后一个环节，也是常说的设计方案阶段。

第一，景观设计的对象是自然或建成环境所形成的外部空间，通过"景观认知"，可以认识和诊断其自然与文化的特点和主要存在的问题，通过"景观项目"来综合体现项目决策者和参与者意愿，观点和行动的过程。因而，满足某种功能活动，并具有场景和（或）生境的外部空间环境，具有视觉和生态两方面景观意义的功能实体空间，可称其为"景观空间"。景观设计就是通过用地布局和"空间组织"方式，在满足人的行为活动功能的基础上，营建具有多层次意义的场景和（或）多样性生境的自然或建成环境。

空间组织，是对基地进行空间划分和空间联系的方式，基于景观空间的概念，面对不同的设计内容，需要不同的用地布局与空间组织方式，但基于人们行为活动需求的空间的"功能与流线组织"是方案构思的基本途径。

第二，场所中的场景构建是景观设计方案构思的主要途径，其空间组织原理表现为"构景与视觉序列的空间组织"。场所是构成人类活动的空间环境，是由实体空间和人的行为活动共同构成的。场景是场所中具有画面感的空间环境。场所中的场景是由"站点、观景点和路径"等基本景观空间以及"象征性、纪念性和境地空间"等不同感知层次的景观空间所构成的。

第三，"场地中的生境营造"是景观设计方案构思的重要内容，其空间组织原理主要体现在"水与植物生境的空间组织"上。场地是景观项目建造的用地，是景观空间中生境营造的实施对象，场地中的生境是由水系、竖向以及植物群落等系统的设计营建形成的。

第四，培养景观空间的尺度感和尺寸概念，是景观设计的重要能力，通过基本尺寸、经典案例中的尺度与尺寸以及基本尺寸单元等三个方面的学习和训练，逐步建立景观设计中不同类型空间尺度感与相应尺寸的数据库，并进一步了解景观设计中的规范，掌握景观设计方案的交流与表达方法。

关键术语

景观空间、空间组织、功能空间与流线组织

场所、场景、构景与视觉序列组织、站点、观景点、路径、象征性空间、纪念性空间、境地空间

场地、生境、水系与植物生境组织、竖向设计、雨水花园、植物群落

生理尺寸、行为尺度、视觉尺度、心理尺度、尺寸单元

学习建议

（1）第三部分是景观空间的方案设计原理部分，与第四部分的"景观设计——选题与训练"相关联，学习者可以通过设计原理与设计训练相结合的方式，理解和掌握景观设计的方法，培养提高方案构思能力。

（2）注重不同目标的"空间组织"方案构思能力是学习的重点，特别强调"功能空间和流线组织"是场景构建与生境营造等景观空间设计的基础，景观设计首先应该理解和满足人

们在户外环境中的功能活动和行为心理需求。

（3）场景与生境的景观空间组织，是景观设计区别于一般意义上的外部空间设计的重要内容。在不同类型的景观项目中，都具有其基本的空间组织模式，解析并掌握几个典型的空间组织模式，有助于设计方案构思的形成和推敲，就是从会"抄"到"超"越。

（4）培养空间尺度感与尺寸概念，建立个人的设计数据库，是学习者应该非常重视的知识和能力，是设计工作经历中不断积累而成的，书中介绍的三种数据库建设方式是一个开始。

3.1 景观空间的内涵与构成

3.1.1 景观空间的内涵

景观设计的对象是自然或建成环境中的外部空间，景观设计的内容是营建人们日常生活中各种户外活动环境及有视觉画面场所和（或）多样生物群落栖息演替场地的"景观空间"；景观设计方案就是通过科学和艺术手段，针对基地的特点和建设项目需求，合理地进行用地布局和空间组织，以满足人们的行为活动需求，营建具有多层次意义的场景和（或）多样性生境的空间环境。

1）景观空间是具有生活、美学和生态内涵的外部空间

今天，被设计塑造的"外部空间"，正处于功能角色转变的处境中，它们既是满足人们基本活动的功能容器，更是风景优美和生态健康的人类宜居环境的载体。

（1）外部空间

外部空间是相对于建筑物内部空间而存在的。人们在建筑物外面的日常生活活动是各种各样的，如上下班、上下学的交通出行，各种户外体育、休闲活动等，承载这些户外活动的地方，需要不同的空间活动范围和基本设施。外部空间的构成是围绕这些人们活动的功能需求而形成的。

（2）景观空间

景观空间是满足人们日常生活中各种户外活动需求的外部空间，是具有视觉画面场所意义和（或）多样生物群落栖息演替场地意义的自然与建成环境的"空间"。其内涵包括广义的理念和狭义的表现两个层面。广义的理念，包括生活、美学和生态内涵，狭义的表现为实体空间环境的建构方式。生活内涵是指在景观空间营造中，体现人本思想，用以满足和提高

人们生活的行为需求及其环境品质；美学内涵，指的是空间环境所具有的视觉感受上的功能需求，因感知者的主观意识不同，空间艺术组织方式受地区和文化影响而有所差异。在改善人类的生活品质的同时，还需要对人类生存的生态环境予以关注，景观空间的生态内涵是指人居空间环境营建，需要提供适宜的生物群落栖息演替的空间环境。

2）景观空间的功能构成

（1）景观空间的生活功能

景观空间源于人们对户外生活环境的需求。由于人的认知水平存在差异，而且环境中各种要素之间的交互作用存在横向的空间联系和纵向的历史联系，使得人们对环境的感知表现出多样性，而环境的外在表现呈现出复杂性的特征，真实的环境与我们感知的环境存在差距。布朗、赖特、洛温塔尔等人非常关注环境感知的多样性。不同的环境感知影响着人们对环境的态度，甚至影响人们价值观的取向和对生活方式的选择。

（2）景观空间的美学功能

生活中的景观空间感知主要是通过视觉体验实现的，感知经验的积累主要通过参与、观察不同的生活场景来获得。景观空间尤其注重小尺度空间的景观品质，大尺度空间通过视觉和行为综合作用的序列来感知。生活内涵的品质主要由功能性、文化精神性集中体现。

（3）景观空间的生态功能

景观空间的生态功能指的是空间中有生命力的要素都应遵循其生长、发展和相互制约的规律，注重小尺度环境中生态因子的生境观察和分析，创造最大共生机制下人工环境的自然品质。

首先，要了解生态工程技术对空间营造的意义，即运用生态学原理设计出以获得最佳生态效益和经济效益为目标的生态工艺技术。通过大力发展和应用节能技术、洁净技术、环境无害化技术、自然资源的综合利用及闭路循环技术等，提高生态系统自身的生产能力、自净能力、自组织能力、稳态反应能力以及社会经济的自我修复能力。

其次，要积极支持高新技术的"绿化"，开发高新技术的生态功能。高新技术是以最新科学成就为基础、主导社会生产力发展方向的知识密集型技术，尤其是信息技术和生物工程技术等，为绿色技术体系的形成奠定了坚实的基础。关注其他动物与人类共有的生境。以鸟类为例，一棵大树除了给我们遮风避雨外，还能提供人与自然界鸟类及其他昆虫"对话"的平台。自然的许多要素也是构筑保护人类自身安全的防御体系的要素，因此我们在营造人工环境的同时，应更多地关注并了解自然要素，使之更好地服务于人类的栖居环境。

发展生态技术工艺。以水池为例，不同的池底和驳岸，会使栖居物种种类及数量形成反差较大，如采用沙石、淤泥的池底和缓坡卵石兼湿地种植的驳岸，与混凝土池底、池壁相比，前者生态多样性优势非常明显，因为天然透水的池底和池壁构成的容器能够提供出多种水底、水边植物和菌类、浮游动物等的生境，而硬质不透水的池底和池壁在蓄水后，只有通过养鱼和增加喷泉，才能适合浮游昆虫生存，而且这种生境是依赖外在动力和能量维持的，缺少生态系统的自组织机制。

景观空间的生态内涵在狭义上的表现，主要是依托广义理念的景观空间的具体营造方式来体现，主要包含两个方面的内涵：第一是实体要素构成的空间的物质内涵，特指景观空间的场景组织和生境营造；第二是文化要素构成的精神内涵，突出景观空间的内在品质。本章主要围绕自然要素在景观空间中的功能表达和文化意义及精神层面的诠释。

3) 景观空间的表现属性

景观空间的表现属性，体现人们在中小尺度外部空间活动的特点，着眼于户外空间环境的视觉感知的场所景象构建以及生物群落栖息演替所需要的场地生境条件的营造。

（1）景观空间着眼小尺度的空间感知

景观空间关注人们感知的日常视角。人类不管其生活的环境差异有多大，个体的人的尺度相差不大，关注人的生活感知，串联城市若干自然和人文景点的线性空间，如景观大道在视觉感知上属于大尺度范围，山岳空间也属于大尺度范围，而感受这类大尺度空间，是我们不断切换视角，并与自己所处的小尺度空间参照而获得真实感受，正是这些小尺度空间的叠加，才让我们感受到大尺度空间的序列、大尺度空间的品质与小尺度空间的内涵关系密切。鉴于此，注重小尺度空间的营造和视觉感知便是景观空间的重要价值取向。

景观空间中关注的小尺度是建立在大尺度的宏观背景的基础上，需平衡景观片段的多样性和整体性的关系。最小的公共空间尺度便是功能性强的站点，其次是富有观赏价值的观景点，而路径空间则是联系这些小尺度功能空间的重要途径。城市的景观具有历史传承性，无论是人文景观，还是自然生态景观，都有历史的传承性，我们一方面在营造新的城市景观，一方面在延续着传统景观脉络，并力图使两种景观取得最大程度的和谐，实现统一地域和人文背景下的多样性景观空间整合的目标。

精神意义的景观空间是人类追求的最高目标，而观景点、站点这些基本功能的空间的序列设计，是奠定精神内涵的前提，尤其对大尺度的空间，视觉控制仍然是极其重要的。鉴于视觉原理是建筑学专业中低年级着重训练的专业知识，本书在此只强调一下最基本的视觉要素与景观要素的关系。

（2）景观空间是活动功能、场景构建和生境营造的实体表现

景观空间的活动功能组织，包括功能组织的站点、观景点与路径功能。

景观空间的场景，包含对人工建造空间秩序的审美表达。设计将这一秩序体现在人们生活的场所与场景之中，通过特定路径和视线的组织强化人们的感知、进行信息过滤与记忆存储，强化场所与场景的基本功能认知和精神层面的印记，为不同体验主体营造适宜的外部空间，具体表现为象征性、纪念性和境地意义的景观空间。

景观空间的生境营造是人工生态环境建设的途径，主要通过地形塑造、水文条件、道路、建筑与构筑物及其他设施的设计，影响植物生长的水、光、热、养分等生态因子，营造植物及群落生长演替的环境条件，展示自然内在秩序的空间组织，为物种提供适宜的演替空间。通过人工生境空间营造，满足具有视觉审美和生态意义的活动场所。

3.1.2　用地布局与空间组织

1) 用地布局

用地布局的目的在于根据预期所需的使用计划将各个功能区分布在场地中相对合理的空间区域，并在场地功能区划分的基础上，通过景观要素的合理分布，构建总体空间的结构关系。这需要建立在两个层面的研究基础上：

首先是对场地本身的调查与用地适宜性分析，包括对场地自然生态条件、现状空间特征的研究等。进而对场地进行空间划分，明确场地中需要保留与保护的部分（如植物群落、现状湿地）、需要修复的部分、移除的部分（如质量不佳的废弃构筑物）、可以加以有效利用或改造利用的部分以及无法利用的部分等。合理的利用方式又受到该区域本身地形、土壤、水文、小气候条件等多方面综合作用的影响。因此，科学理性的景观认识与分析，是确立现状场地干预方式的关键性环节。

其次是对场地周边环境的调查研究，包括周边的交通条件、用地性质等，这会对不同功能所适合分布的具体位置产生影响（如通常公园中的儿童活动区会靠近周边居住区设置并临近公园出入口）。当某一部分场地适合展开多种功能安排，或其适应性与功能需求产生矛盾时，应该抓住主要矛盾并兼顾其他方面，以实现场地综合效益的最大化为目标。（可参见第1章中景观阅读与景观诊断的内容）。

2）空间组织

景观环境往往是通过风景园林要素的秩序组织和空间限定来划分的。每一空间都承载着功能、审美、生态三重含义，满足着不同类型的活动，具备不同特色的景致，也就形成了若干个独立而又相互联系的"景区"。景区是根据风景的属性来划分的空间区域，它与功能区的划分既有区别又有联系。也就是说，单某一景区可能只涵盖某一种功能属性，也可能涵盖多个功能区域，或同一功能区也可能包含几个小的景区。整体环境中被划分的空间单元可以通过"景观空间结构"的图示语言来表达，它包含各个景区的范围与属性（如水面、山体）、空间单元的界面（如植物栽植）、标志性景物（如景观塔）、路径、节点等几个方面。这是形成整体景观空间的骨骼与结构性框架，也是风景园林设计在空间艺术特色塑造方面的重要内容。

各个景区之间需要和谐地促成总体空间的完整性，通常通过路径将不同空间单元按照特定节奏组织成不同的序列，为游人提供多样的体验。常见的路径连接方式有串联（如沿轴线或环状路）、并联、放射、网络等多种模式。方式的选择除了方便使用者的需求、安全的游览外，更为重要的是组织好景观空间的秩序，通过游线上所经历的场所与场景的变化，对人的心理进行暗示和引导以获得丰富而愉快的体验。

思考与训练：实地感知

（1）查阅地貌学和景观生态学的相关资料，谈谈自己对土地空间和地貌空间的了解，以此为背景，尝试从较大尺度范围内思考生活周边场所与建筑环境地域特征。

（2）感受某个空间意义的存在，在今后的空间设计上要能够体现场所精神和地方文化。

（3）感知的几种方法，速度与心理体验的关系。

（4）几种关键的感知关联。

推荐读物

[1]（美）凯文·林奇.总体设计[M].北京：中国建筑工业出版社，1999：564.

[2] 成玉宁.现代景观设计理论与方法[M].南京：东南大学出版社，2010：414.

[3]（英）凯瑟琳·蒂.景观建筑的形式与肌理——图示导论[M].袁海贝贝译.大连：大连理工大学出版社，2011：214.

3.2 场所中的场景

场所与场景是外部空间环境中人为设计的一种景观空间的客观存在。设计者以一种特定景观思维组织外部空间序列，试图让体验主体能够从直观的角度去感知建成的空间环境，并获得场所中的画面感，从而认识风景。

3.2.1 场所

1）场所的内涵

诺伯舒兹在《场所精神》一书中说道："场所是具有清晰特性的空间，包括了行为和事件的发生。一般而言，场所都会具有一种特性或'气氛'，是自然的和人为的元素所形成的一个综合体。"

《看风景》中提到，"每个场地皆有其自身特别的品质，蕴含在石头、土地、流水、绿叶、鲜花、建筑、环境、光影、声音、气息以及拂过的微风之中。"

可见，场所是一种发生行为的场地，其形成的空间具有一定的人类情感和集体记忆（图3-1）。

景观设计是运用气候、地形、水文、植物等因素在场地中进行的景观空间设计，其核心内容是围绕土地展开的。土地是景观空间设计的载体，承载着人的各种行为活动和景象体现。随着时间、空间的变化，人们在特定场地中开展不同的行为活动，同时赋予特定场地更多的人文特征，使其逐渐形成了自己的"性格"，即场所感，它是人在意识感知和行为参与过程中获得的一种空间感觉。当人在设定的路径中行进时，获得不同的体验，这是一种场所感的本能反应，也是景观设计中必须要考虑的一个要素。

图 3-1 场所

2）场所的设计原理

场所是由场地和人的行为活动共同构成的，因此场所中的空间设计也是与场地和行为息息相关的。场所空间设计围绕外部空间环境展开，蕴含了外部空间设计和行为心理学的基本原理。

（1）场所中的空间设计

具有景观空间意义的场所空间是相对于建筑内部空间而言的外部空间和灰空间，是由一个物体与感受者之间的相互关系所形成的，与无限伸展的自然空间不同。场所中的空间是从限定自然开始的，需要满足人的使用功能的需求。它的尺度、形状、特征明显地与它们所要服务的目的相适应，进而带来一系列不同的空间感受，如愉悦，压抑，紧张，松弛，欢乐，恐惧等，形成的场所赋予自然空间以更多社会属性。

场所空间由空间三要素构成：底面、顶面和垂直的空间分隔面。由于界面的垂直高度不同，形成了不同程度的空间围合，分为封闭（私密）空间、半封闭空间、开敞空间。当垂直视角为 45° 时，封闭感强；当垂直视角为 30° 时，半封闭感；垂直视角为 18°，封闭感消失，场地变得开阔。不同的空间构成要素和空间设计要素能够限定出不同的空间类型，形成不同的空间感受。

场所中除单一空间外，还包含了多重复杂的空间组合。根据场所空间的用途和功能来确定空间的领域，建立空间顺序，形成空间层次，包括空间的主从、对比、过渡与层次、内向与外向、穿插与渗透、重复、序列等复合型空间。可通过空间的藏与露、引导与暗示的对比手法以及对景、框景与借景的设计手法，形成丰富的空间层次。

场所中的空间设计是依据场所空间的主题功能，进而对其进行一定的围合限定、空间组合或空间序列的设计，形成特定的空间尺度和空间情感，使空间本身具有一定的场所感。

（2）场所中的大众行为观察

行为活动的发生是场所构成的主要目的，因此，场所设计应以人的行为活动作为设计依据。按照行为的不同内容和尺度，可以分为交往空间，活动空间，亲密空间等。

根据人的生理、心理反应，两人相距 1 ~ 2 米时，可以产生亲切的感觉；两人相距 12m 时，可以看清对方的面部表情。当距离为 20 ~ 25 米时，人们可以识别对面的人的脸。这个距离同样也是环境观察的基本尺度。

芦原义信曾提出在外部空间设计中采用 20 ~ 25 米的模数。他认为："关于外部空间，每隔 20 ~ 25 米，有节奏的重复、材质的变化或是地面高差的变化，可以打破单调，使空间一下子生动起来。"这个尺度常被看成外部空间设计的标准。

通过对场所中大众行为的观察与记录，了解人的行为习性、距离和尺度，进一步指导场所的空间设计。

3）场所空间的设计表达

（1）图纸表达

图纸表达包括平面图、立面图、剖面图以及节点详图的表达。图纸遵循一定的标准与规范，能够客观、准确、清晰地表达场所与场景的方案设计，是介于方案与实体营造之间的物质纽带。通过专业的图纸表达，能够了解场所的总体空间布局，场地要素的分布，主要景点的视觉效果以及各场景的视觉效果和空间感受，细部的工艺制作等（图 3-2）。

（2）模型表达

模型表达，能够直观地感受三维空间中的尺度、空间的虚实关系，检验设计理念，获取场地的信息。同时，模型表达可以体现场所与场景构思的空间主体构成、空间的限定与围合，能从不同的视角去感受空间和场景的变化（图 3-3）。

3.2.2　场所中的场景

1）场所中场景的内涵

"一个场地最吸引人的特质不是场所中的实体，而是我们的回忆和梦想穿过时间和空间与之相联系的一切。看到一朵花，或者更进一步闻到花香，会使我们想起往昔的某个时刻，或者联想到对我们有意义的诗歌或油画。"因

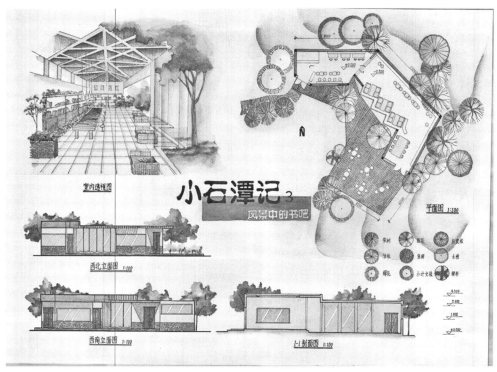

图 3-2 风景中的书吧

图 3-3 坡地立方体

此，可以说，场所中由景物、人等景象要素构成具有画面感和情景的空间环境，可称之为场景。场景能够被直观感受到，且包含时间和空间维度，并随着时间的变化而改变。场景是一幅框起的画面，是一个动人的主题，是一个背景环境。场景向人们阐明故事发生的地点、时间以及环境的地理特征，是场所精神的一种外在显现。场景可以很大，也可以很小，可以一览无余，尽收眼底，也可以循序渐进，层层展开，但所有这些场景都有清晰的条理和丰富的层次，它们的形象都能够充溢于人的脑海，形成记忆。

依据场所中容纳事件的复杂程度的不同，场景可分为单一场景和复杂场景。单一场景是在一个给定的观察点所能看到的景象，相对完整，空间类型较为单一，场景主题相对独立。单一场景通常拥有一个较为清晰的中心概念。复杂场景围绕主题构思进行多个单一场景的组合，通过不同的空间限定营造出承载复杂群体事件的空间环境氛围。复杂场景又可分为序列场景和并列场景。序列场景是指人在穿过一组空间时，按照一定的空间环境顺序感受、体验的动态场景，包括不同的心理体验和精神感受，空间具有一定的叙事情节。序列场景的路径通常是线性的，成为情节之间串联的脉络，形成叙事，各场景之间是一种顺序层次上的递进关系。并列场景是指各场景承载的事件相对独立、静止，彼此关联性不强。

场景由若干构景要素共同构成，包含了场所中的山、水、植物等实体要素，也包括了风、光、雪、雨、晴等气象要素和时间要素，还包含了人在场所中的各种行为和活动情节。可以说，场所承载着场景的发生，场景赋予场所一定的情节。

2）场所中场景的设计原理

（1）场所中的场景能够被感知

场所中的场景需要有一定的主题和标识性，符合场所的特征，且能够被识别和感知（图3-4）。

（2）场所中的场景具有一定的画面感

美是一种直觉，但仍符合一定的客观规律，包含了形式美的规律和构景的基本原理，如主从与重点、均衡和稳定、对比和调和、比例和尺度、材料与细节以及中国传统山水美学的"三远论"。场景的画面构图不一定对称，但具有一定的均衡感，有近景、中景、远景之分，且具有一定的景深，可通过一定的构景手法如借景、框景、对景、障景等被感知。

（3）符合大众的行为心理需求

场景设计需具有一定的意义和情感，能够与体验者产生一定的情感共鸣。同时，场景设计要考虑人与人之间看与被看的天性，在场所中选择最佳视景点。

图3-4　场所与场景

（4）符合景观的视觉设计原理

场景设计需要满足人的视觉感受，比如是否赏心悦目，是否具有标识性。它需要给定一个观察点，设置一个宜人的场所，在其中可以产生优良的视觉感受。

3）场所中场景的构思表达

（1）蒙太奇手法

蒙太奇（法语：Montage）是音译的外来语，原为建筑学术语，意为构成、装配。经常用于三种艺术领域，可解释为有意涵的时空人地拼贴剪辑手法，最早被延伸到电影艺术中，后来逐渐在视觉艺术等衍生领域被广为运用。蒙太奇一般包括画面剪辑和画面合成两方面。

场所与场景中，借用蒙太奇的手法，将每个人对场所的体验和感受按照自己的理解、自己的性格，进行联想，慢慢浮现，通过拼贴、剪辑的方式进行制作合成，最终形成一个具有场景感的主题画面。

（2）绘画表达

着重于艺术创造和艺术表现，没有标准与规范，不能作为实体营造的依据，但可作为营造的风格参考。主要运用于场所与场景的构思立意阶段，能够艺术化地表达设计思维，具有一定的渲染力。

（3）透视效果图表达

需要突出场景主题，画面具有一定的纵深感，具有一定的艺术表达效果，可以加入自己的感知、情绪以及对场所的理解。同时，其构成要素和空间感需要有合理的尺度和比例。

3.2.3　注重基本功能的景观空间

注重基本功能的景观空间主要包括日常生活中的站点、观景点及道路空间。景观认知中，因为步行体验往往能够获得对场景的强烈记忆而显得至关重要，相比而言，科学认知空间往往有局限，如主体人要到达一个 B 点，然而 B 点不可达，中间是河沟或者是紫禁城，我们必须找一个替代的 B 点或一个路径，所以，注重连续体验的路径在景观空间的整体设计中显得尤为重要。基本的景观空间特指基本生活功能构成的景观空间，它是感知土地的最直接途径，主要包括站点、观景点和道路。

1）站点空间

（1）概念与特征

站点在建筑学的画法几何中是观者所处的平面位置，在景观空间中，它是构成我们日常生活的重要功能空间，如驻足等待、休息、交流、监护、表演等。由于站点在我们的日常生活中使用频率极高，它的设计与理念表达的好坏，也直接影响人们生活的品质。

站点空间的布局主要与场所中空间的大小、活动人群的数量和流量有关。空间大，人群流量大则站点宜多；空间小、人群流量小，则站点宜少。

（2）基本设计原理

站点空间是满足行人停留意愿的场所，如人行走在线性的步行路径中，植物的恰当应用会极大改善景观空间的品质。站点空间包括入口空间、休憩空间等。关于对这类空间的具体把握，我们可以分析几个案例和试验。如在开阔的直线空间中，在连续的封闭感较强的列植空间中打开缺口，即留白，让光线倾泻在道路中，视线也可以在此放开，停留感便增强。当然，这个开口的宽度以及两个相邻开口空间的距离，应遵循空间序列组织的节奏，一方面是行走时的疲劳度，另一方面是视线辨别人面部表情的距离，如在 25 ~ 30 米。

图 3-5　站点与观景点
（陕西合阳福山庙的山门与魁星阁）

然而，有时以单一的直线空间塑造站点显得较为单调，这时我们可以通过曲线空间来改变行走时的视觉和心理体验：在曲线凸起的一侧空间中利用乔木封堵视线，在凹入的一侧打开，采用草坪以及适当的树篱围合，增加空间的丰富性体验（图 3-5）。

2）观景点空间

（1）概念与特征

观景点特指人们观察景观品质较高的景点，它可以充分展示景点的自然地理特征，也可充分展示具体的观察对象。在平地上，我们可以通过调整空间的开敞形成特定的观景点，也可以设置高台形成观景楼或观景台。以适度距离分布的观景点，对人们了解所处环境的全局特征和标识特征非常有利，它不仅能帮助展示地形、植被等自然特征，也能展示地方生活气息浓郁的文化特征。

（2）设计原理

关于观景点的空间尺度把握，主要取决于展示空间的视域、展示对象的视距及其与背景之间的关系，当背景与展示对象的关系不强时，可以通过大小和形状适宜的景框来优化构图，展示对象。

观景点空间要具备两个要素，一是环境中存在独特的景点，二是为观者提供较好的观察视角。其中，独特性是相对整体性而言的，这就要求植物首先在环境中营建出统一的景观意向，如用草坪形成统一的开阔底景和前景，借以衬托成点布局的景点，如雕像、孤植或簇植的景点树，另外，用连续的树墙塑造统一的柔性背景界面，用以强调景点的独特性和景深的层次感（图 3-6）。对于观景点空间自身，一方面需要合适的视距和视角，另一方面需要适宜的景框。对于植物要素的运用，调整景框是能够做到的，我们可以用对植的两棵树创作"U"形（水杉）、"V"形（雪松）、拱形（法桐）等景框（建筑专业需图片示例），也可以用一个树冠较大的树形成倒"L"形景框。

3）道路空间

（1）概念与特征

道路空间通常是城市中较为重要的线性空间，随道路列植的绿化通常自然形成绿色廊道，不仅能构筑城市中的绿色网，还能将分离的斑块绿地串联起来，发挥整体作用。清晰的路网结合整体层面考虑的绿带，才能保持城市有机的自然格局（图 3-7）。

（2）设计原理

道路空间的绿化在宏观上要遵循以下原则：生态性原则、系统性原则、整体性原则、多样性原则。在微观上，在满足生态的前提下，营造满足人们多种活动和观赏需求的多层次绿色空间。

此外，在植物对道路空间的营造中，我们尤其关注与自然和人文景点充分接触的步行空间的景观品质。这些道路覆盖了绝大多数城市自然和文化遗产的景点，也是人们能够最大程度获得城市文明的渠道。它包括园路、滨河路、

图 3-6　某场景序列设计中的观景点

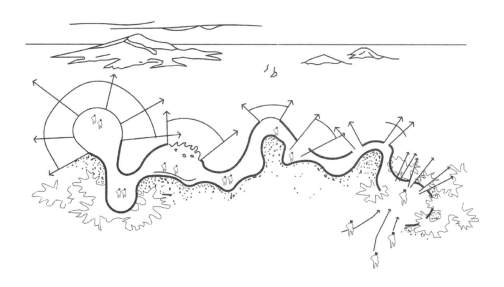

视景的变化，通过松散的叶丛的一瞥，看到狭长的框景，再到较开阔的地段；然后将兴趣逆转，看透景，看衬于视景下的物体，再将兴趣逆转，透过树丛看与视野相对的物体，然后集中精力于洞穴状的幽深之处，最后展现于眼前的是一览无余的全景

图 3-7　道路空间

文化街等。这类空间在绿化的个性和多样性配置上，还需反映地段的历史和现代语境。以大雁塔东西苑为例，我们要了解地方传统种植文化给我们带来的对历史的追忆，如柏树、松树、槐树、银杏树、柿子树、皂角树等，有四大金刚之称的行道树，如法桐、五角枫、槐树等都有传统民族和地方文化的意蕴。

景观空间中的路径侧重于联系自然和人文景点不同类型的空间。在路径空间的营造中，地形、植物等要素的组织方式对道路空间的品质影响很大。起伏的地形给道路带来不同的坡度选择，对克服重力作用带来的速率和行驶节奏造成差异，造成排水方式的不同。植物对景观空间的形成会产生诸如封闭度、导向性、界面的柔和性、景框等的差异。

道路对沿途可达的各站点、观景点等具有串联作用，行驶途中，产生空间序列的起、承、转、合，其中的空间序列由道路的主次结构呈现出多种层级，满足不同人或人群处于不同心情、不同目的时的需求。场景中竖向标高最高的观景点往往对路网的结构感知起着高屋建瓴的作用。

3.2.4　注重精神意义的景观空间

1）空间的精神传达

景观空间的特征决定了景观空间相对于其他类型空间的"意义"的体现。这里的意义可以说是一种空间氛围的营造和场所精神的体现。

景观空间根据其不同的表达方式和构成要素的不同特征，体现出一定的氛围，使人产生联想，形成带有纪念意义、历史意义、象征意义等的场所。景观师的工作目标就是要塑造出更多具有文化意义、生态健康和生活积极的外部空间。

（1）空间的精神要素

景观空间的精神要素是在空间感知的基础上形成的，它通常代表人们对具体场所的集体记忆，因此具有恒常性、认同性、归属性、标识性、文化性等精神特质，而这一切最终归结于场所性的表达。诺伯舒兹在《场所精神——关于建筑的现象学》中认为"场所是有明显特征的空间"，场所依据中心和包围它的边界两个要素而成立，定位、行为图示、向心性、闭合性等同时作用形成了场所概念。场所概念也强调一种内在的心理力度，吸引、支持人的活动。

空间的场所性包含着多种层面的意思，而物理要素是"场所"形成的基础。当某一具体事件发生时，人们会将空间的地名、聚集的人群、事件利用的道具、事件发生的时间描述得很清楚，而这一切都证明了拥有特定容积的空间的包容特性。包容性也是空间最基本的精神属性，基于此，它还延伸出了其他不同认识阶段的精神特性，因为对景观的认知不仅要了解景观要素与环境的关联性，更重要的是把握观者认知对象时螺旋上升的递进规律，即物与形、形与景、景与情、情与境、境与意的所指与能指的关系。

场所对应于小尺度的景观空间，特指站点、观景点和道路，这些空间不仅功能性较强，同时也是感受特定地块空间的主要途径。场所在更大尺度层面上对应于辐射一定区域领域感的复杂景观空间，如象征意义、纪念意义、境地意义的空间。这类空间通常代表特定人群的集体记忆的浓缩，甚至包括家族精神、民族精神和宗教信仰等地域文化特征。

任何人的生活总是体现出一定的节奏，空

间的协奏曲是景观空间追求的重要品质。空间
序列便是景观空间在城市、庭院、建筑群落中
组织和谐生活的关键。

当一系列的空间组织在一起时，应考虑空
间的整体序列关系，安排游览路线，将不同的
空间联系起来，通过空间的对比、渗透、引导，
创造富有性格的空间序列。在组织空间、安排
序列时，应注意起承转合，使空间的发展有一
个完整的构思，创造一定的艺术感染力。

（2）注重精神意义的景观空间品质

恒常性：空间中容纳特定的活动便具有了
场所性。空间是形成场所的前提，活动是场所
产生的必要条件，空间的序列组织和人们活动
的社会秩序一致时，场所感较强，否则较弱，
因此特定的活动往往需要特定品质的空间来承
载。活动发生是经常性的，如在室外自然空间
中健身、休憩、散步等都是有规律的。由于活
动表现出亲近自然的恒常性特征，空间也就具
备了场所的恒常性特征，它会给在这里活动的
人们提供一种俗成的场所约定。这一约定强化
场所的领域划分和活动内容的属性。

认同性：空间的认同性是恒常性赋予了空
间特定的文脉特征，人们对空间内的关键要素
和空间自身有了认同，认同空间的行为组织、
视觉品质、构成空间的景观要素等。当空间中
某种要素发生改变时，人们有试图还原它的本
能，而集体认同的价值观和行为准则构建起来
的空间秩序，存在着历史的惰性，改变它，需
得到绝大多数共同利益集体成员的认同。这是
场景中集体记忆累积、强化的结果。

归属性：空间的归属感是由经常在此活动
的人产生了对该空间活动的依赖，在这里可以
碰到熟悉的人，或兴趣和爱好一致的人，并对
空间中的方位感和路径都非常熟悉，这一切都

会带来安全感，会让活动的人精神放松，活动
内容的选择性也较大，活动开展相对自由且不
太拘束。这种由人、活动及场所构成的熟悉性
特质便成为归属性的核心所在。

标识性：标识性是能概括场所中空间特征
的典型要素的符号特质，该符号可以是某个景
观要素的视觉意向，也可以是具体的声音、气
味等个别要素或要素间的组合。具备标识性要
素的空间可读性很强，能够在各个视域通廊中
不断强化对于主题空间的感知，同选择的必要
条件。

这些精神特质的具备使得景观空间的基本
生活功能得以实现，如站点（停留点）、观景点、
步行道路等。了解这些空间的基本精神属性，
设计师才能够更好地提高空间的基本生活品质。

2）注重精神意义的复杂景观空间

（1）象征性意义的空间

象征性意义是一种集体意识的反映，它是
人们对空间的符号记忆。这种符号可以是图示的，
也可以是特殊的事件和行为，还可以是特殊的声
音和气味等。比较这三种情况，视觉层面的符号
更容易获得共识，并能获得最佳的传媒效果，例
如天坛的形象就是北京的象征（图 3-8）。

图 3-8　天坛的象征意义景观

触景生情是人们看到某一相似景象时，对历史中发生过且难以忘怀的事情、人物等的记忆激发，伴随事件的记忆，残存在人们脑海里的关于特定场所的景观图景中的主要景观要素，会通过人们经验的"过滤器"形成一种视觉符号，重复阅读这简单的符号或聆听到相关文本语言表达，某一情感会不断再现甚至强化。象征性包含着民族和地方历史文化的内在特征，也浓缩着地方的内在活力和外在气质。这一人文景观的系统构成，彰显着都市的深层文明。当然，空间的象征性并非总是一成不变的，随着人们经历的增多和认识的提高，认知图景会逐渐带上更多的社会属性，即反映某一共同价值观人群的认知，它便成为了一种伟大人格的体现，此时，认知会升华为特定的纪念意义，如北京天安门前的华表象征着华夏民族共同缔结的文明，同时华表与北京更具有强烈的历史与地理属性的映衬关系，华表在天安门前金水桥边树立的位置则升华了其象征意义。

（2）纪念性意义的空间

纪念性空间通常通过策划某种事件来强化这层纪念意义。相似的事件可以有不同的场所，而相似的场所也可以包容多样的行为。

纪念性的基本概念是"思念不忘"和"举行纪念性庆祝活动"，可以简单解释为了留住或唤起某种记忆的特殊事物。纪念作为一种人类行为，通过物质性的建造和事件的策划，达到追忆历史的目的。

完整表达景观空间的纪念性意义，需要空间、道具、事件以及观众等四个要素。空间提供了纪念性的场所，道具是浓缩特定文化特征的物化形式，事件（如历史典故、民间传说等）用来联系历史和时代的情节，是一种事件景观，观者是具有共同价值观和文化背景的人。这在不同时代具有不同的时代精神和文化群体，观赏者主体必然产生精神世界和物质感知的不同，因此，即使是同一景观，对不同时代的人来说也具有不同的意义。

可以说，纪念是通过这样一种途径获得生存和再生的：事件景观附着在作为载体的物质景观上，共同传达给不同时代的观赏者，这就形成了景观的纪念过程。

纪念性景观将导致严肃感、神秘感、紧张感、意外感、历史感、永恒感和寂寥感的产生，其著名实例有：土耳其内姆鲁特山国王陵、卡尼克史前巨石阵列、太平洋复活岛的巨石雕像群、英国塞尔特人的白马地画、英国威尔特郡的史前石环、日本严岛神社鸟居、中国乾陵石象生、卡纳克的阿蒙神庙、印尼的婆罗浮屠、美国圣路易拱门及南京中山陵等（图3-9）。

（3）境地意义的空间

境地性的传统意义：在整个生活范围之中，扩充古代宗教性，是古代人的一种信仰。古代的人们以为围绕着他们的自然，乃是比我们所想象的"物理的自然"还要早的"超自然"。对于古代的中国人，山岳是他们借以得到生活资料之处。《韩诗外传》卷三上说："夫山者，万物之所瞻仰也，草木生焉，万物植焉，飞鸟

图3-9 南京中山陵纪念意义空间

集焉，走兽伏焉，四方益取与焉。"在有洪水、旱灾、痢疾发生的时候，先民就到山川之神那里去祷告、乞求除灾，他们以为那些不祥的事情是山川之神所做的。这样，古代的中国人是把山岳看作神秘的有"灵能"的东西，即所谓"神"，并且因为山岳在这种性质上界定了一定社会集团的地域，所以便给予了境界神的意味了。

在当今，现代的游客来到五岳之前，也都怀有了敬仰之情和挑战自我的意念，如能找寻到先人祈福的古径，通过跨越时空的沟通和感悟，此刻的境地意义也会油然而生的（图3-10）。

图 3-10　境地空间

境地性的当代意义：随着科学的进步和文明的发展，神圣价值的时代内涵也在拓展，如锻炼崇高人格和坚韧意志的场所以及极端自然环境下的生命所依存的特殊生境，都有着时代感很强的境地意义。

思考与训练：空间印象

从你周围熟悉的开放空间中，寻找一种象征性的表达途径。其中，空间的构成要素，空间序列的形态，空间的开放程度起决定作用；而构成要素的色彩、质感、气味、综合特征以及光、声、湿度、温度等影响要素综合地决定空间的质量。熟悉的空间中有一定的记号特征，能表达一定的情感，使人产生联想。

思考与训练：水边环境

尝试利用水体要素，策划一个事件，通过场景的营造，塑造一个具有纪念意义的水边环境，并用图纸和文字将其展示出来。

思考与训练：丘的故事

通过观赏关于沙丘、土丘等的图片或实景，联想生活周边具有境地意义的空间，并用三维的设计图展示出来。

推荐读物

[1]（挪）诺伯·舒兹.场所精神——迈向建筑现象学 [M].施植明译.武汉：华中科技大学出版社，2010.

[2]（美）查尔斯·穆尔，威廉·米歇尔，威

廉·图布尔.看风景 [M].李斯译.哈尔滨：北方文艺出版社，2012.

[3] （美）拉特利奇.大众行为与公园设计 [M].王求是，高峰译.北京：中国建筑工业出版社，1990.

[4] （日）芦原义信.外部空间设计 [M].尹培桐译.北京：中国建筑工业出版社，1985.

[5] （美）约翰·西蒙兹.景观设计学——场地规划与设计手册（第三版）[M].俞孔坚，王志芳，孙鹏译，程里尧，刘衡校.北京：中国建筑工业出版社，2009.

[6] 成玉宁.现代景观设计理论与方法 [M].南京：东南大学出版社，2010.

3.3 场地中的生境

3.3.1 场地与生境

1）场地与场地设计的内涵

（1）场地

地表上的各种设施，如道路、建筑物、种植等，在具体兴建前必定经过专门的安排和计划。场地原意是指即将建设的施工工程群体所在地，一般面积小于 1.0 平方千米，相当于一个厂区、居民小区或自然村。专业领域中的场地概念涵盖和承载了在兴建前具体地段的地形、水文、土壤、植被等自然因子和已有人工构筑的信息。

（2）场地设计

在一块或几块建设用地上，按照一个总体设计进行施工的一个或者几个工程项目的综合，称为建设项目。为使项目的总体建设与开发达到经济合理、技术先进、功能优化的目的，必须对这些设施及预期的各种活动在时空中做出具体而合理的组织与安排，即场地设计。场地中的地形、地貌、坡度、坡向等自然条件和人工构筑决定光线和排水条件，也因此决定场地内植物的分布。

场地设计是对场地内各种建筑物、道路、管线工程及其他构筑物和设施所做的综合布置与设计，它是设计工作的重要环节，是决定建筑和景观设计成功与否的必要条件。

场地设计具有很强的综合性，与设计对象的性质、规模、使用功能、场地自然条件、地理特征及规划要求等因素紧密相关，既是配置建筑物及其外部空间的艺术，又包括其中必不可少的道路交通、种植、竖向设计、管线综合等工程手段。

2）场地设计的内容

场地设计工作落实在以下 7 个方面：

（1）现状分析

分析场地及其周围的自然条件、建设条件和城市规划的要求等，明确影响场地设计的各种因素及问题，并提出初步解决方案。

（2）场地布局

结合场地的现状条件，分析研究建设项目的各种使用功能要求，明确功能分区，合理确定场地内建筑物、构筑物及其他工程设施的空间关系，并具体地进行平面布置。

（3）交通流线组织

合理组织场地内的各种交通流线，避免各种人流、车流之间的相互交叉干扰，并进行道路、停车场地、出入口等交通设施的具体布置。

（4）竖向布置

结合地形，拟定场地的竖向布置方案，有效组织地面排水，核定土石方工程量，确定场地各部分的设计标高和建筑室内地坪的设计高程，合理进行场地的竖向设计。

（5）管线综合

协调各种室外管线的敷设，合理进行场地的管线综合布置，并具体确定各种管线在地下的走向、平行敷设顺序、管线间距、架设高度或埋设深度等，避免其相互干扰。

（6）环境设计与保护

合理组织场地内的室外环境空间，综合布置各种环境设施，有效控制噪声等环境污染，创造优美宜人的室外环境。

（7）技术经济分析

核算场地设计方案的各项技术经济指标，满足有关上位规划的控制要求，核定场地室外工程量与造价，进行必要的技术经济分析与论证。

由于场地的自然条件、建设条件的差异以及建设项目的不同，场地设计的内容因具体情况而有所侧重。地形变化大的场地须重点处理好竖向设计；滨水场地要解决防洪问题；处在城市建成区以外的场地，应着重处理好与自然环境相协调、取得方便的对外交通联系等问题。

影响场地设计布局和建设发展的因素是多方面的，对其中的主导性、制约性因素应予以特别关注。

3）场地中的生境

（1）生境因子

生境的原意主要针对植物的生长条件，即植物生长环境中所有自然条件的综合。生境因子是指环境中对植物生长、发育、繁殖和分布有直接或间接影响的因素，主要有光、热（温度）、水分、空气和土壤。其他影响因子，如地形、人为活动和生物等，是通过改变或创造这五个基本的生境因子而影响植物生长状况与分布规律的。生境因子在具体环境中存在着主次、限定等作用。

（2）生境条件

植物是具有生命的，它的生存与不同尺度的环境因素有关，大环境如不同自然地理区的气候、海拔高度及地质地貌、水文土壤等条件，小环境中的微小气候如日照、温度、通风以及土壤、水、地形和生物（包括动物、植物、微生物）等因素，共同构成植物的生长环境。同一气候条件下，植物的种植类型、群落组织以及生长演替形成的特征，受到上述各种生态因子主要或次要、有利或有害的生态作用，且随着时间和空间的不同而发生变化。这些生态因子的综合称为植物的生态环境条件，简称生境条件。

（3）生境营造

城市生态环境的营建过程与自然环境不同，除了日照、土壤、降雨、温度及大气等自然因素的影响外，更依赖于地形、人工水系、建筑、道路铺地及基础设施等场地实体要素的空间布局，是"人工干预、自然形成"的过程，形成物种群落栖息场所，并与人类的活动需求相协调。

"生境营造"，主要以群落生态系统的目标设定与场地设计相结合并得到落实，通过人工营建来改善适宜生物群落自然演替的生境条件的生态设计理论与方法。目的是用适生群落栖息地所构成的多样化城市绿地空间，形成人工干预下安全的生态过程，提高城市人居生态环境质量（图3-8）。

生境营造的具体内容是依据不同地域气候条件下的自然环境中的本土植物和群落及其生境条件类型，在设计用地布局和空间组织中，通过水系、地形竖向、道路铺地、建筑与构筑物的优化布局与设计，人工营建和改善影响植物生长的生境因子，营造植物及群落生长演替的环境条件，营造展示自然内在秩序的空间组织，为物种提供适宜的生长演替空间，为人们提供良好的小气候环境（图3-11）。

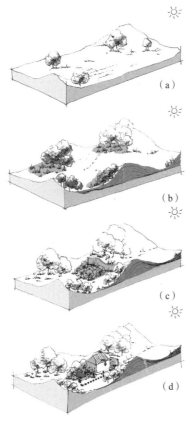

图3-11 "场景中的生境"原理示意图
（a）自然场地；（b）通过人工地形塑造改变植物生长的生境条件；（c）通过人工构筑物布局改善植物生长的生境条件；（d）通过建筑布局增加水源，改善植物生长的生境条件

3.3.2 场地中的生境营造

1）场地中整体生境格局

通过场地设计来达到生境营造的目的和价值，需要从两个尺度层面实现：一是结合功能活动空间和流线组织，进行场地水系和竖向的整体布局，形成整体的生境格局；二是在生境格局中的不同地点，人工营造、改善生境因子，形成不同类型的植物生境条件。

首先，生境格局依托于相对完整的场地空间单元，并与上一层面的环境紧密联系。这种联系一般来自对场地的区位和周围环境的分析，从景观规划的角度将大环境的景观生态斑块、廊道和基质的整体空间格局与场地单元衔接。这部分的内容是有关景观规划的基本原理和方法，本书不展开论述。

其次，根据环境分析，场地中的生境格局应与其周围环境的水系、地貌、植被群落建立一定的关系，而一般项目的建设用地范围不一定能够代表完整的场地生境格局。场地生境格局是利用场地或周边环境中的水系、地形、植物群落的自然秩序，建立营造不同生境条件的空间组织关系。因此，生境格局设计主要通过两个途径：一是建立联系与连接，即利用场地竖向条件，建立水系绿地等带状生境空间网络。二是通过水系布局，营造多样化生境条件。这里，通过两个湿地公园的案例来解释分析。

（1）建立联系与连接，形成水系。在甘肃永昌县戈壁湿地公园设计中，水系的连接和布局的目的是修复建设基地外围大环境的湿地生态，同时营建场地中的各种生态环境。（图3-12）。

经过现场调查和背景自然环境条件分析，基地的环境设计不能孤立对待，而应与整个城市和周围山水格局成为一体，整体考虑其格局。

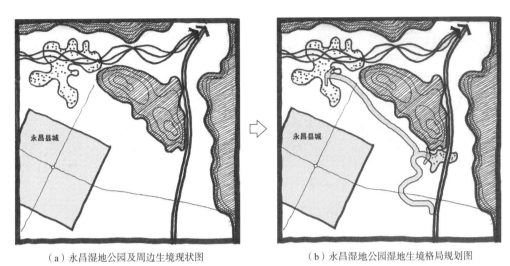

（a）永昌湿地公园及周边生境现状图　　　　（b）永昌湿地公园湿地生境格局规划图

图 3-12

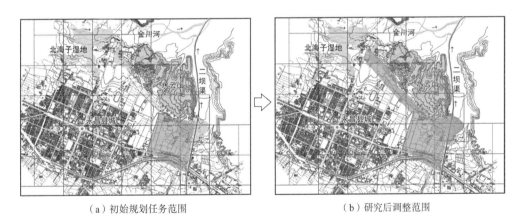

（a）初始规划任务范围　　　　　　　　　（b）研究后调整范围

图 3-13

通过基地东侧人工渠引水，补给西侧大片湿地，水系形成廊道，保护山麓带状空间；同时，恢复原有山脚下坝区河道湿地，因此项目基地范围由方形改变为"刀把形"（图 3-13）。

西安浐灞国家湿地公园设计中，根据西安浐河、灞河季节性降雨的气候特点和场地现状的水文条件，主要以灞河取水、雨水收集、地下水和建筑设施排水补给等方式，获得场地水系布局和生境营造的水源。各类水源单独形成水系，以保障主要水源供水情况下水循环的连续；各水系间运用人工管控的方式设置涵管、阀门闸口、给水渠和人工种植带，相互联系，既满足旱季缺水情况下通过其他水源进行人工调控补水的需求，也保障了不同水系与水面被污染的情况下实现快速人工换水与补水的需求（图 3-14、图 3-15）。

（2）营造多样化生境条件。永昌东湖湿地公园，处于中国西北地区半干旱的自然条件下，因此生境因子中的水因子成为该地区的生境主导因子，也是生境营造的主导线索。

图 3-14　西安浐灞湿地公园空间格局

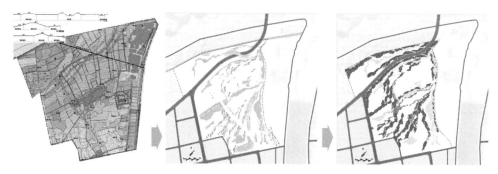

图 3-15　西安浐灞湿地公园"汇—聚—流"生境格局

　　围绕水的组织，形成水的各种不同的存在形式，如较大湖面、溪流、浅滩、潜流、湿地、洼地、沼泽、泥潭等，结合山地、坡地、平地等地形条件，形成多样的、丰富的生境空间。对于植物的生长而言，所有的生境空间创造了立地条件各不相同的生长容器，通过植物的分布特点，使生境空间类型化差异能够被人们所识别（图 3-16）。

　　2）水系、水迹和水岸

　　为形成丰富多样的生境条件，水系设计中不仅包括了可视的景观水，同时，对场地内不同生境下的土壤水分条件的创造，也是水系布局重要的目标。

　　水系统的组织原理，主要包括水面、溪流、

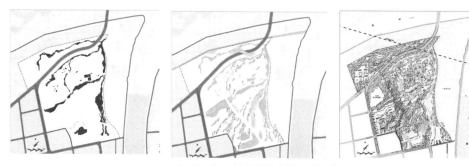

图 3-16　西安浐灞湿地公园生境构成

径流与水线（岸线）的布局和组织。

（1）水面、溪流与径流：营造和恢复生境的核心。永昌东湖湿地公园的水体由景观水面和生态水系两个系统重叠构成（图 3-17）。根据地形，水系由三个比较大的景观水面串珠形成，水体依托盆状地形，在盆的底部采用防渗处理，形成常规的湖面景观，满足视觉审美要求。"盆状地形"上部边缘，水土交界处，不作防渗处理，形成自然生境地带。水面之间用溪流连接，水岸线变化丰富。根据水深及土壤含水量的不同，种植沉水—浮叶—挺水—湿生—中生—旱生植物，自然驳岸处理形式多样，形成不同生态意义的生境条件和植物景观（图 3-18）。

（2）利用地形和水的自重力，引水做"功"。"水"的连接和"做功"范围是营造各种生境的基本条件。

图 3-18　契合湿地公园的绿化布局

以永昌东湖公园设计为例。基地东侧二坝渠原为东大河自然河流，由于下游金川峡水库蓄水需要，河道在原有河床位置全部渠化，修建二坝渠。基地现状，位于东北角低洼处，有几处泉眼溢出形成的百米见方的湿地。根据坡向，在基地的南侧二坝渠取水，在基地内由自重力作用向北蜿蜒穿越并分为两个水系：向东，在东北角恢复原有湿地景观，再汇入水渠；向西，翻越 2 米高的山梁，形成渠道补给北海子湿地。

（3）水岸岸线的连续和完整。水岸是生态型廊道，保证其完整性和连续性是构成整体生境格局的重要内容。水岸的形态、边缘保持曲折性和一定的宽度，水面的圆形形态，是因为考虑了道路、人类活动方式。在与道路交界处，采用架空的处理，人们介入湿地的栈桥系统，使得岸线没有被割断（图 3-19）。

3）地形与竖向设计

（1）基本概念

地形是地表的外观，直接联系着土地的利用、排水组织、小气候等众多的环境因素。小尺度的地形一般分为土丘、坡地、平地、洼地、台地等类型，这类地形也被称为"小地形"或

图 3-17　永昌湿地公园水系统设计

图例
雨洪型生态停车场洼地　　　人工雨水花园汇水湿地　　　人工生态道路汇水方向
人工生态道路汇水线　　　自然雨水汇集渗透洼地　　　场地雨水径流方向
自然渗透洼地汇水线　　　自然渗透洼地汇水方向　　　排水线

图 3-19　西安浐灞湿地公园雨洪水系利用平面图

者"微地形"。大尺度的地形一般包括山体、川谷、丘陵、平原、草原等类型，这类地形也被称为自然式地貌。大尺度地形的塑造一般形成自然地貌的阴、阳坡面，影响外部环境的局地气候条件。

根据建设项目的使用功能要求，结合场地的自然地形特点、平面功能布局与施工技术条件，在研究建、构筑物及其他设施之间的高程关系的基础上，充分利用地形、减少土方量，因地制宜地确定建筑、道路的竖向位置，合理地组织地面排水、地下管线的敷设等，并解决好场地内外的高程衔接关系。这种对场地地面及建、构筑物等的高程作出的设计与安排，通称为竖向设计（图 3-20）。

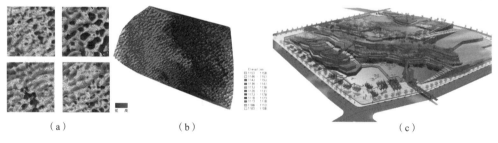

（a）　　　　　　　（b）　　　　　　　　　（c）

图 3-20
（a）榆林沙地林业科技产业园场地地形——彩色等高线表达法；
（b）榆林沙地林业科技产业园场地地形 GIS 模型表达法；
（c）西安浐河河岸渗透的边界场地地形——Sketchup 模型表达法

（2）基本原理

主要通过两种途径：首先，根据地表径流组织与利用进行的地形与竖向设计。降雨条件下，地表通常承担着场地的自然排水功能。当下的景观设计所关注的地表水不仅仅承担场地的排水功能，更多的是通过竖向设计来引导地表水的流动，对地表水进行收集和利用，控制排水与汇水，达到滞流。地表径流的滞留会带来与以往迅速排入城市排水系统的过程截然不同的效果。

其次，湿地环境构成——洼地。地形与竖向设计除了引导场地的排水与汇水，还能通过地形设计塑造具有汇水的洼地或者湿地，使其成为承载地表水的"容器"，改变洼地或者湿地的水文条件，为植物群落的演替创造新的生长环境，使地形具有生态效益，成为营造生境的重要部分。美国某一生态停车场设计中，通过雨水汇集分区和停车场创造场地的整体竖向关系，设计连续的下沉式洼地，洼地对雨水的滞留作用可净化停车场的地表径流水质，营建湿地植物生境。

（3）竖向设计的内容

一般情况下，竖向规划与竖向设计是为地形进行塑造与建设的两个阶段，竖向设计的内容较竖向规划繁杂。

竖向规划是为了满足道路交通、地面排水、建筑布置和园林景观等各方面的综合要求，对自然地形进行综合改造、利用，通过确定坡度、控制高程和平衡土石方等技术手段进行的规划设计。

竖向设计是场地设计中一个重要的有机组成部分，提出包括高程、坡度、朝向、排水方式等内容的设计方案，确定场地的排水方式，保证工程的安全要求，改善环境小气候以及游人的审美要求等。

竖向设计内容一般包括场地竖向设计和道路竖向设计。场地竖向设计是从工程角度对场地提出合理的标高、坡度、坡向、排水方向、排水设施（包括雨水口、管沟、渗井等设施）布局方案，整理场地，计算土石方（填挖方量计算）等。道路竖向设计是从工程角度对道路提出合理的标高、坡度（纵坡、横坡）、坡向、排水方向、排水设施（包括雨水口、管沟、渗井等设施）布局方案，计算道路基础的土石方（填挖方量计算），提出道路断面设计方案等。

（4）地形与竖向设计的关系

竖向设计是对地形的总体设计，竖向设计包括地形设计环节，是将地形设计付诸工程建构实施的确定尺寸数据的制定、调整并与其他建构工程协调的设计过程。因此，地形是竖向设计的主要对象和成果体现。

在景观设计中，地形一般分为两类，人工设计场所的地形和自然式景观的地形。在人工设计场所中，通过竖向设计，地形一般以不同标高的地坪和微地形的形式出现，以此营建不同空间层次的环境；在自然式景观中，通过竖向设计，地形一般以土丘、坡地、平地、洼地、台地等形式出现，以此营造不同特征的空间环境。在景观设计中，地形对其他设计要素起到支配作用（图 3-21）。

4）道路与建筑及构筑物系统

（1）增加廊道的联系作用，减少割裂

道路作为一种特殊的廊道，它具有双重作用：一方面，作为脉络和纽带，具有引导游览、组织交通、构景等功能；另一方面，它将一个

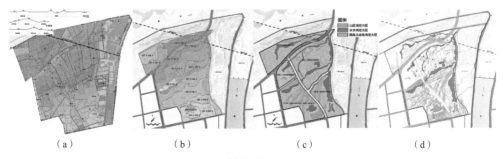

（a） （b） （c） （d）

图 3-21
（a）西安浐灞湿地公园现状地形；（b）西安浐灞湿地公园地形规划图；
（c）西安浐灞湿地公园规划地形分区图；（d）西安浐灞湿地公园地形设计图

大的生境斑块划分成若干小斑块，破坏了生态系统的完整性。为了减少道路对植物生境系统的破坏，园路规划应该满足以下三方面的要求：降低园路比例和路网密度；合理的园路选线；工程措施。

（2）降低主要车行园路比例和路网密度

道路用地比例和路网密度决定着格局中生境斑块的大小、形状、构形等因素，对生物多样性产生重要影响。目前的园林设计理论将园路和广场归为同一类用地，推荐一般综合性公园的园路用地比例为 10% ~ 15%。

道路的修建与自然地形相适应，可以避免过度切坡和填挖，减少了土方填挖对自然生境的破坏。道路由于地形的限制从而在不能避开的地方架空，保持地表径流的连续。

为了减轻硬质路面带来的干扰，采用窄路优于宽路，曲路优于直路，采用自然材料的简易路优于整体路，沥青路优于水泥路，路堑型优于路堤型，无缘石优于有缘石，目的是使路面及周围的自然降水可以流入路旁的绿地洼地。

（3）建筑、构筑物的布局

建筑、构筑物布局方式需要考虑地表径流的组织，在干旱地区还需要考虑水源供给的可能性，如组团群组式集中式布局有利于屋顶及室外铺装场地的雨水汇集。除建筑屋顶雨水，建筑外场地的雨水及建筑内的中水处理都可以成为水源。同时，在干旱、半干旱地区，建筑、构筑物的阴影能够减少蒸发。

5）微生境单元设计

在建立生境格局的前提下，设计场地的微生境单元及其群落。如西安浐灞湿地公园规划设计中，为湿地生境设计了 8 类湿地微生境单元：浅水沼泽湿地、深水沼泽湿地、森林沼泽湿地、人工池塘湿地、人工河岸湿地、人工潜流净化湿地、人工阶梯净化湿地和自然渗滤湿地。

一般的场地设计中，以水为主导因子的微生境设计主要有径流生境设计、洼地生境设计、驳岸生境设计这三类单元。

（1）径流生境设计

径流生境的形成可以通过人工生态道路汇水线和自然渗透洼地汇水线两条途径。人工生态道路汇水线主要运用于主要交通性道路，其雨洪利用过程为道路雨水、卵石边沟（收集截污）、植草浅沟、人工洼地、湿地、生态雨水塘；自然渗透洼地汇水线主要运用于次要道路，包括自行车道、林荫小径以及滨水贴地式步道，其过程为道路雨水、植被绿化缓坡、植草浅沟、人工洼地、湿地、生态雨水塘（图 3-22）。

（2）洼地生境设计

结合地形设计人工洼地停车场，利用地形和水的自重力，将雨水直接排入人工洼地，为洼地中的水生植物、湿生植物、灌木等多种植物提供水源补给，营造空间和生境的多样性。

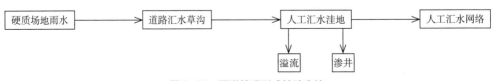

图 3-22　雨洪管理形成特殊生境

人工洼地停车场的雨洪利用过程为停车场雨水、植草浅沟、人工洼地、汇集湿地、生态雨水塘。用孔型混凝土砖铺设停车场和自行车存放场地的地面，砖孔中用腐殖质拌土回填，杂草生长于其中，这样的地面将有 40% 的绿化面积（图 3-23）。

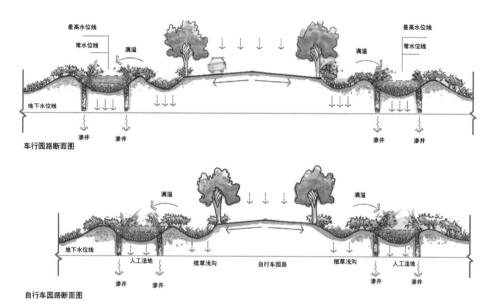

图 3-23　某湿地公园人工洼地停车场断面图

（3）驳岸生境设计

驳岸是水陆交汇的边界，因而微生境的变化最为丰富。适生植物类型从旱生、中生植物到湿生、水生植物。驳岸生境具有沿水岸线变化的边界，同时，受降雨的季节性和人为管控的直接影响（图 3-24）。

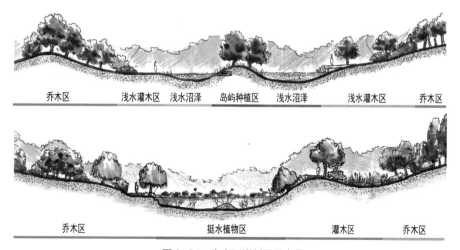

图 3-24　生态驳岸剖面示意图

6）种植设计

通过植物群组及其个体的关系，组织种植设计，使植物群落及其演替适应并表达生境条件，主要内容包括生境判断、植物群落模拟、类型构成、种类序列、季相动态及视觉形态组织，即：经过生境判断与最适宜物种类型的筛选；比对自然条件下，与基地、场地生境条件相似的环境中植物群落的构成方式；通过植物群落的垂直构成分析，确定微生境单元中种植植物序列的选择，选择速生与慢长植物，确定和建立优势种群和优势种——建群种及种群、伴生种及种群；确立观花、观果、观形的植物及优美的林冠线、林缘线。依据植物群落的传播序列，组织自播植物、人工播种序列，或对已有自然群落进行完善、补允性设计，丰富物种，调整树种等。

3.3.3 雨水花园设计

1）雨水花园的内涵

（1）水与可持续性景观

所谓可持续性景观，关键是我们始终要将生态的景观看作是多功能的，能够带来多种多样的好处，而不是从解决和关注单独问题的目标和角度去看待，很多简单狭隘的做法，其实会带来潜在的价值损失。

没有水，我们就不会有景园，在一些中东国家，水是极为宝贵的资源。最原始的天堂花园以几何形灌溉渠的形式给沙漠带来生气。圣经里的伊甸园代表的是在干燥的环境当中人们使用水的景象，那里有肥沃的土地、茂密的绿色植物和充足的水分。现在，水景的景观设计目的是既能为人们提供休闲娱乐，又能吸引更多的生物。

水是珍贵有限的资源，不完全受人意愿决定，它具有内在的秩序和潜在的破坏力。根据这个新的观点会产生新的用水的工作方式。那是关于水在我们的周围是如何运转的，并尽可能地使其按照自身的规律完成他们的运转的过程，这样的方式对环境是友好的。

（2）季节性降雨与可持续性景观

引入景观设计元素去处理大量降雨的季节性问题，可以在景观设计中减少洪水和污染方面的问题，这样既有利于人又有利于野生生物的生存发展。

雨水花园对于生物的多样性是非常的有益的，鸟类、昆虫和其他的一些无脊椎动物出现在雨水花园中，死去的植物和冬季的一些禾本科植物都可以为生物提供冬眠之处，同时植物的果实可以给鸟类提供食物，特别是在晚夏和晚秋的时候，多种多样的花卉也是花蜜的来源。

2）雨水利用作为生态设施的设计原理

主要包含三个内容，即雨水链的构成，雨水收集的基本方法，及雨水范围中的植被组构。

（1）雨水链的构成

雨水链就是雨水从降落、排走、收集储存至利用的过程以及这个过程产生的影响。"雨水花园"就是利用和合理改变这一过程，形成花园中植物及动物的生存条件。

雨水链的技术内容包括：①阻挡雨水降落到表面的方法；②储存那些渗透和蒸发的雨水，即雨水保持的方法；③暂时储存降雨并能以一个规定的速率释放存留雨水的方法；④把雨水从降落的地方输送到能保存它的地方的输送过程和条件（图3-25）。

雨水链的基本原则：

保证那些要素按照严格的顺序联系起来——从建筑的特定结构开始，至地形和场地竖向。

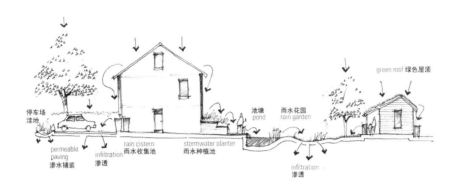

图 3-25（a）　住宅和商业区典型雨水链示意图

图 3-25（b）　雨水收集示意图

让雨水和雨水处理过程能被看见，而不是把它们藏起来。

最重要的是要有创意，也要随处寻找体现创造性的机会。

（2）雨水收集的基本方法

雨水收集的基本方法包括了雨水存储、溢流和水渠、雨水种植园、雨水渗透、景观沼泽。

雨水存储：无论有没有屋顶绿化，屋顶上都会有过剩的水流从屋顶流下，需要加以处理和管制。我们如何利用这些被放任自流的资源，让它不仅可以提高我们的庭院的形象，而且可以丰富庭院的美感和生活质量呢？几种处理临时多余雨水的方法有：

· 使流出的水经过草坪或其他植物。

· 将流出的水定向流到沼泽地和其他景观单元。

· 将流出的水暂时储存在雨桶或水箱里。

溢流和水渠：溢流指的是雨水脱离了雨链或溅出。水渠是一条在路面或天井内设置的浅水渠。

雨水种植园：雨水种植园的原理是直接从屋顶获得雨水，因为排水管直接通向其中，从而使水渗透或者将其排到雨水链的另一个阶段中。

一般雨水种植池有两种形式：一种是渗透式，即水分直接渗透到土壤之下；另一种是穿过式，即溢出水进入标准的排水系统或者是进入到排水链的下个阶段中。

其作用包括：①为在建筑底部的丰富的种植提供机会；②减少或者说消除了过量的水从一个地方流走；③可以融入庭院并成为其中的景观；④在房子外创造一个比较私密的空间；⑤凸起的花池也可以使植物免受球类运动的损

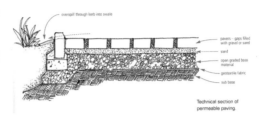

图3-26　雨水渗透的铺地示意图

害（图3-26）。

雨水渗透：铺地的材料和铺地的结构有利于吸收雨水和融雪水。一般方法有：①用多孔的可渗水的块石；②在铺设单元之间不封缝；③铺地的透水层，而非铺放在不渗水的材料之上。

其作用包括：①不封缝的铺地材料单元之间的缝隙可以让植物在这个受保护的小环境里成长；②充分利用水；③美化铺地（在其间生长了植物）和环境（图3-26）。

景观沼泽：景观沼泽的原理，一是储备和转移流下的水，减少小到中等暴风雨过程中表面所流的水，也可以除去一些污染物。二是铺地的透水层，而非铺放在不渗水的材料之上。其作用包括：①作为储备库，为周边景观迅速提供水，而且提高为花园、商业发展、停车场、街道、高速公路的水资源储备。在其边上的各种各样的灌木、乔木、多年生的植物以及野草可以减少其蒸发量，它也可以为植物提供水源。②在水渗透入地下之前能容纳数个小时或者几天，并且长距离地将水输送到池塘或者水池。③让污染物沉淀和过滤出去。

推荐选择不需要过多的管理的本地植物。

（3）雨洪花园中的植被组织原理

第一，提倡更为多样和复杂的种植

最好的、最有效的生物友好型的景观是采取嵌入式的栖息地，比如草坪、湿地、森林和灌木丛。雨水花园正是一个很好的营造这种景观的机会。高大草本和禾本科植物在雨水花园中会生长茂盛并且环绕着草坪，随着时间的推移，依次使草本植物、灌木丛和森林的边缘联系起来。如此群落交错的构建最大限度地提高了生物的利用方式。两种植被形式和栖息地之间的边界是如此的奇妙——它使动物能够从各个栖息地来共享这个空间。

普遍的单一种植方式。简单、单一的种植草皮是没有好处的，相对于自然的本土种植，它不利于净化部分水中的污染物，防虫害免疫的能力低，管护成本高，如浇灌、修剪和施肥。提倡自然的本土种植，让植物自生自灭，可以减少管理费用，比如大量的氮肥和水的需求。

第二，影响雨水花园中植被生长的两个主要因素

水中所富含的营养素。水在到达池塘之前通过沼泽渗透到长条洼地中，通过植被的过滤器和种着芦苇的小块河床，那么这些缓冲区的植被将会得到充足的营养物，水里富含营养素将导致藻类的迅速生长，这就可以营造一个绿色水环境。

控制射入水中的光线。通过植物的运用，能够控制大部分射到水体里的光线，这一点非常重要，因为射入水里的光线越多，水里的藻类就生长得越快。这并不是说控制池塘的色度是最好的措施，但是如果池塘表面的50％有阴影，它就会减缓藻类的生长。

第三，注重合理的植被分类及其作用

边缘植物通常生长在水体边缘永久性的湿润土地上。它们通常都是颜色绚丽的并且在潮湿的土地上开花。这些混合的大叶多年生植物和草类，还有它们的花朵和种子可以为野生动物提供食物来源，而且也是两栖类和无脊椎动物的重要食物（图3-27）。

浮游植物生长在浅水区的泥土里，而它们的茎、叶子和花却伸入到空气中。芦苇和灯芯草就是这种植物的典型，并且它们是水生无脊

图 3-27 雨水种植园

椎动物的补给站。

浮叶类水生植物生活在深水处，但它们也扎根在池塘的基底。荷花就是这个种类中众所周知的一种。它们还可以为池塘提供庇荫处，叶子还可以为鱼遮蔽。水下的浮游植物大多数都一直生长在水面以下并且是水里的主要充氧器，并且为水生无脊椎动物和其他池塘内的生命提供食物资源和遮蔽物。

3）雨水花园的建造原则

雨水花园的位置应该选择在那些水从源头流出并在绿地之间的区域。当花园的位置接近建筑物时，所有的下渗装置都与建筑保持至少3米的距离，以防止水渗入建筑的基础。把雨洪花园安置在一个相对平坦的区域会使其构造简单一点，位于全部或部分的阳光下，这样不仅能够增加植物的多样性，还能促进所收集到的水的蒸发。

4）建造时的基本估算方法

（1）如果雨水花园被设计为能够接收100%的雨水，那么整个排水区域可能将水都排入它的里面，而这个排水量是可以被预测的，这样才可以计算出雨水花园的实际大小。

（2）如果雨水花园直接从溢流管中取水，且与房屋的距离少于10米，那么房屋附近的区域自身将会被作为排水区域，因为所有的溢流管都通向雨水花园。

（3）如果仅仅是一部分的溢流管通向雨水花园，那么就可以预测用作排水口的屋顶面积的比例。

（4）如果雨水花园距房屋超过10米，并且将水排出沟外土地而非屋顶，那么，大概分析一下这个汇水区域，测量它的长度和宽度，确定排水口的位置，并且尽可能寻找扩大这片汇水区域的可能。

5）相关案例

（1）东楼花园（西安，中国）

东楼花园位于西安建筑科技大学校园内建筑学院的四层教学楼楼北，东、南、西三面为建筑，面积约400平方米。建成花园之前，此处是杂物堆场（图3-28）。

花园的设计和施工，通过两处雨水收集池截流建筑落水口流下的雨水，再通过曲折的水渠岸线，延长水在花园中的流经路径，创造水分条件的微差，结合微地形设计以及建筑落影和场地内原有的高大乔木所影响下的光线条件，光、水、土的微差，营造了多样生境条件（图3-29）。

因此，在同样单位面积上形成更为丰富的适应植物种类，如芦苇、菖蒲、鸢尾、水蓼等，种植和自生的湿生植物和其他旱生植物有规律的并生，同时，八角金盘、玉簪等耐阴和喜湿的植物的生长条件良好。植物种类的多样为蚯蚓、蜘蛛、蟾蜍、蟋蟀等提供了生存条件，也为鸟类的食源、水源、繁殖和栖息提供了条件。

生境的多样，也使更多的人在经过花园时驻足和观察、观赏，这种关注活动的频率与时间的增加，是因为花园中植物种类的多样性，形成了在四季的变化中交替变化的景观。

该花园同时也是风景园林专业植物与生境实践的花园。目的是让学生在种植实践中理解植物生长空间中微地形、光照、水分、土壤等生境因子的影响，寻求花园的精神。

（2）"柏林路88号"案例（Zehlendorf，柏林，德国）

"柏林路88号"案例是住区规划项目，在嘈杂的城市环境中创造了一个自然的人居场

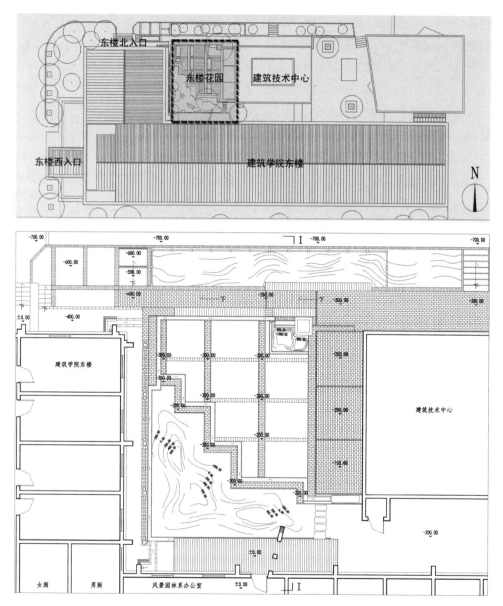

图 3-28　东楼花园平面索引图及平面图

图3-29 东楼花园实景照片

所。来自屋顶的积水被过滤之后储存在地下蓄水池中，用作非饮用水。

其主要方法是："雨水收集池"→"小溪"→"喷泉和池塘"，通过两种专门的湿地形式布置在住宅区里和周围，即街道湿地和停车场湿地。街道湿地将街道上的雨水直接汇入有种植的街道湿地。停车场湿地是雨水通过有渗透作用的块石面路进入或者溢流进入洼地。在对降雨吸收有限的小院子中，在洼地中可以安装溢流管把过量的雨水排入总排管（图3-30）。

植被覆盖的缓坡地区，可以从邻近的不透水表面汇集雨水，减缓水流的速度，同时，截留沉淀物和污染物，从而减小小型暴雨径流量，称之为过滤带。

（3）"Tanner Springs Park"案例（波特兰，美国）

"Tanner Springs Park"案例是通过对棕地的改造，恢复水和湿地栖息地环境的公园。雨水从周边的区域汇集，在到达浅水池前经过一个有梯度的植物栖息地进行过滤（图3-31）。

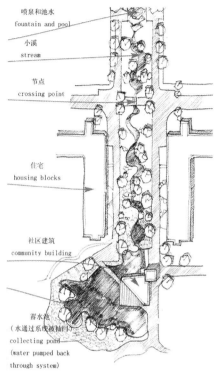

图 3-30 柏林路 88 号案例

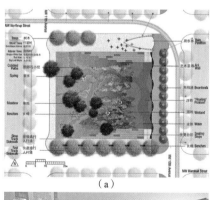

（a）

（b）

图 3-31 Tanner Springs Park
（a）平面图；（b）全景图

3.3.4 种植群落设计

1）植物群落的概念、内涵及设计应用

（1）概念、内涵

概念："植物群落"是单种植物或多种植物的复杂集合体。但不是所有的植物集合体都可以称为植物群落，只有经过一定的发展过程（也就是选择过程），有一定的"外貌"，有一定的植物种类的配合（"种类成分"）和一定的"结构"的植物集合体才称为植物群落。

内涵：植物群落的外貌、种类组成和结构是植物群落最重要的特点。

群落的"外貌"就是群落反映在人们眼中的样子，也称为"相观"。植物群落外貌由四方面影响因素构成：植物的生活型；植物的种类；植物的季相；植物的生活期。

群落中的种类配合称为"种类成分"，由优势种构成植物群落的外貌特征，由种类间的更迭构成植物群落变化的过程序列。

特点：在不同的环境条件下所形成的植物群落，其群落特点是不相同的；在同一个气候区域内相似的环境条件下所形成的植物群落，其群落特点却是相同的。也就是说，植物群落的特点是在和环境相互作用之下形成的，所以植物群落的概念包含环境在内。

因此，植物群落是最能够表达地带性植被与环境的融合特征，最具有地域生境特征的因素，例如我们看到郁郁葱葱的常绿阔叶林，即是亚热带气候典型的特征，看到冬季落叶，只有树木枝干的光影，即是暖温带落叶阔叶林区的特征。

（2）种植群落设计与一般种植设计的区别

传统的种植设计是在场地、道路、建筑等建设好后，在闲置和空余的地方种植植物。这种设计过程将环境置于配角地位，所设计的种植植物系统仅仅强调其观赏价值及附带功能，对植物种类的选择绝大部分是为了满足审美的需求和植物成活所必需的立地条件，而未能从植物与植物、植物群体与其所生存空间的整体等角度去考虑。

种植群落设计相比较古老的造园活动的种植设计，是在对背景自然生境条件的科学、明确的解读下，设定预期的植物群落营造的阶段目标，并控制群落动态演替过程中的构成特点，使其有利于持续性进展变化的植物外貌、种类、结构的组织。最终，改善小气候条件。

在生境背景条件下对植物种植所形成群落的低耗、动态、稳定的组织方式，使种植植物群落中的植物种类与立地环境之间建立最佳的配置体系，并使人们感知到自然变化的美，同时提高场地、地段、片区、城市等不同空间尺度中的生物多样性。

（3）种植群落设计研究在景观设计中的意义

群落生态设计是城市建设过程中，生态建设的切实可行的、有效的途径。进行种植植物的群落设计，有两方面的内涵：一方面可以更有效地保护自然原生植物群落的良性演替进程，从长远讲，有利于人类，而另一方面，面对城市建设区及附属的人工绿地系统，人工种植植物群落的设计是对城市生态系统的重要构建方式，有关植物群落的创造（人工的）、改造和利用等问题的研究也包括在内。

2）种植群落设计的原理与方法

种植群落设计需要符合场地生境特征中的植物立地条件，符合生境的稳定以及植物的美学功能。

（1）生境判断与最适宜物种类型的筛选

依据对生境空间中地形、水体、土壤、光照条件、局部气候条件等的概括与判断，往往可以在这些相互制约的因素之中，找到作用于基地的主导或主要制约生境因子。

比对自然条件下，与场地相似的生境中，植物群落的构成方式；在建立的数据库中寻找相似的植物种类；总结植物种类的构成规律。

（2）植物群落模式建构——群落垂直构成

（a）确立林地（乔木层）：选择乡土植物和地带性植物，先建立起乔木层，再逐渐加入灌木层和地被。

（b）确立灌丛（灌木层）：灌木种类丰富，株型和色彩多样，是绿地植物群落的重要构成部分，对形成多层次的稳定植物群起关键作用。

（c）确立草地与地被层。

（3）微生境单元的植物序列选择

（a）依据植物生长序列选择速生与慢长植物：在群落结构的下一层级单元中，按照种群、种类来确定和建立优势种群和优势种——建群种及种群、伴生种及种群；优势种构成植物群落的主体，其所占比例各种类不同，且不断变化，自然群落和人工环境的群落中的优势种也不相同；建群种在群落的亚优势层，对群落具有决定性的作用和影响能力。

（b）依据植物季相序列确立观花、观果、观形的植物组织：观花，带来人们对四季的体验和自然的美感；观果，具有经济价值，同时富有地方特色；观形，个体的植物审美和群体的优美林冠、林缘线。

（c）依据植物群落传播序列组织自播植物、人工播种序列：自播植物，保留原场地的自然植被，既可以减少投资，又能形成场地特色和最适应场地、最稳定的植物群落；人工播种序列，按照群落整体性和功能性设计群落体系，完成群落的物种选择、结构、序列设计的目标，或对自然群落进行完善、补充性设计，丰富物种，调整树种等。

3）相关案例

西安建筑科技大学南门花园生境分析

对生境条件的分析：现状树冠下密实的荫蔽空间，因而光线成为生境条件中的主导因子；生境营造中，可收集、利用屋顶雨水营造湿生生境，可利用建筑、乔木遮挡营造阴生生境；建筑入口之间、西北侧的光线及蒸发条件；种植设计中，考虑尺度空间中人工创造植物群落的可持续演替经营管理，同时为人们的流线活动与视线创造动态变化的生境（图 3-32）。

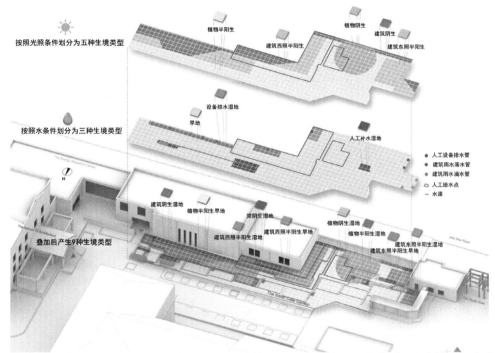

利用计算机软件模拟花园1m×1m网格内的生境，并通过户外观测进行验证。根据光照条件可划分为5种生境，根据水条件可划分为3种生境，叠加后产生9种生境类型。

图 3-32 场地生境因子分析

思考与训练：笔记大自然

这是持续一年的物候周期的观察感知实践。主题为"自然笔记"，以轻松活泼的图记方式，记录表达个人对季节变化更替的感知以及植物在此过程中的变化。用心观察季节变化中植物的变化过程，重点在于个人对植物、光线及自然交替变化的捕捉和感受。结合自身的主观感受，用心去认识在今天的城市日渐忽视的自然的讯息，在日常的生活中体会植物与自然中的美，自然与生态的真实含义。

将绘画、文字结合的绘图方式，应包括：①植物的记录，如枝、干、叶、花的形态和色彩变化；②生境因子，如温度、风、日照及光线等的变化，以个人感性的方式记录，将自然的理性与学生个人的感性、感悟、感知结合。

思考与训练：我身边的自然——生境观察

在校园或生活环境中选择四个地块，面积规模相似，其中应包括一个面积在 500 平方米内的完整花园。

调研内容主要包括：①所种植植物种类及数量的调查；②对调查基地内的生境观察，包括光照条件、水分条件、土壤、风、温度等的观察及其自然科学规律的分析；③调研基地内动物的可能种类和对活动的观察；④调研基地内人们开展活动的方式以及人们对植物、水等自然因子的关注程度（喜好程度）；与对四个地块所调研的四方面情况进行类比，作生境的概括总结，可判断具体地段的植物及其生境的组织，及对人们的活动的影响方式。

推荐读物

[1] （英）Clouslon Brain.风景园林植物配置 [M]. 陈自新，许慈安译. 北京：中国建筑工业出版社，1992：499.

[2] （美）理查德·L·奥斯汀.植物景观设计元素 [M]. 罗爱军译. 北京：中国建筑工业出版社，2005：171.

[3] （美）克莱尔·沃克·莱斯利，查尔斯·E·罗斯 . Keeping a NatureJournal ——笔记大自然 [M]. 麦子译. 上海：华东师大出版社，2008：221.

[4] 汪劲武. 常见野花 [M]. 北京：中国林业出版社，2004：542.

[5] 汪劲武. 常见树木 [M]. 北京：中国林业出版社，2004：480.

[6] Pamela Forey. Pocket spottersWild flowers, Belitha Press, 2003.

[7] 安歌. 植物记——从新疆到海南 [M]. 长沙：湖南文艺出版社，2008：173.

3.4 景观空间设计的途径

人类与自然环境相互斗争与适应的历史进程中，在自然景观尺度、人类活动规律与心理感受、人体尺度以及"模数"理论研究等方面，积累了丰富的经验，通过对这些经验的研究与总结，制定了众多指导设计的准则、规范，成为了现代景观规划设计的重要依据。

本部分主要结合经典案例中的尺度与尺寸分析，介绍景观设计中的基本尺寸的构成与内涵，阐述建立景观空间设计的尺度感与空间尺寸数据库的积极作用与重要意义（图3-33）。

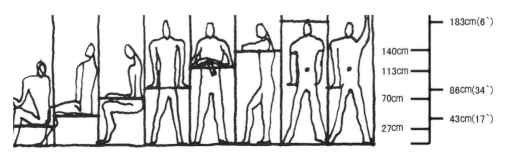

图3-33 由勒·柯布西耶发展出的一系列模矩尺度（厘米制）（1948）

3.4.1　空间尺寸的数据库

谈到尺寸，就肯定会涉及尺度的概念，二者极易混淆，但并非同一概念。尺寸是关于度量的精确描述，有明确的计量单位和测量对象，属于数学范畴，而尺度是一种相对的、非确定的量的描述，是以人体为基本出发点去比较和判断其他物体的大小，是人与空间环境的相互关系。从建筑形式美的角度出发理解尺度，则"尺度指我们如何在与其他形式的相比中去看一个建筑要素或者空间的大小"。广义建筑学对尺度有两种解释，一是指以人体的身高来衡量建筑物尺寸大小的标准，二是指把对象扩大化后的释义，即人性尺度。可见，尺度是计量长度的标准，尺寸是计量长度的准确数值。景观空间设计，首先需要了解各种空间尺寸，建立基本的尺寸数据库，才能理解和培养空间的尺度感。

空间设计的基本尺寸包括人的生理尺寸、行为尺寸和心理尺寸。

1）空间设计的基本尺寸

（1）生理尺寸

生理尺度是人在生理方面的尺度要求，属于人体工程学范畴。生理尺寸则是指在空间环境中的人体基础数据，如人体构造、人体动作域等有关数据所确定的人在活动中所需的空间尺寸。生理尺寸一般包括静态尺寸和动态尺寸。静态尺寸指人体处于固定的标准状态下测量的各项尺寸数据，如身高、坐高、坐深、臀宽、膝盖高度、肩宽、眼高（视线）、肘高、肘间宽度等（图3-34）。动态尺寸指人体在进行某种功能活动时肢体所能达到的空间范围，如人在步行、跑步、转身等状态时所需的空间尺寸。

了解与掌握人体生理尺寸，才能根据需要进行相应尺寸的空间设计，提供符合使用尺寸

的基本空间。例如，步行过程中，每个人至少需要600毫米的步行宽度，低于600毫米则无法顺畅行走。

下面整理总结了一些符合基本生理尺寸的常用数据：

户外台阶和坡道的扶手高度一般在750～850毫米的幅度内变化，才符合人体站立时肘部支撑的高度需求；室外座椅的典型宽度为400～450毫米，高度为350～450毫米。

对于公共步行通道而言，最小路宽是1200毫米，如果需要更为精确的数据，可以根据国际制单位中人流量与空间尺度单位的乘积与行进速度的比值求得相应人流量下的最小道路宽度。

公共空间中台阶的最小宽度是1500毫米，而私人空间里台阶的最小宽度是1050毫米。

户外台阶的踏步高度是115～175毫米，休息平台之间的最大高差是1500毫米。

无障碍坡道的单向净宽是900毫米，双向净宽是1500毫米，坡道长度最大值是9000毫米（见图3-35）。

人的视锥垂直角大约为30°，水平角大约为60°（最精确的视角约为3°～5°，不

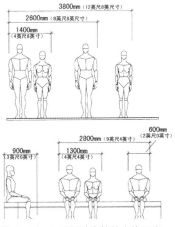

图 3-34　不同活动姿势的人体尺度

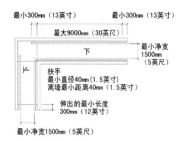

图 3-35 双向无障碍坡道尺寸标准

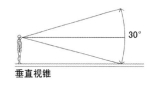

图 3-36 标准视锥

太精确的视角约为 5°～12°，舒适但不太详细的视角约为 12°～60°）（见图 3-36）。

成年人的平均视高，站立时是 1525 毫米，坐立时是 1125 毫米。

（2）行为尺寸

行为尺寸一般是指人在活动过程中各项行为所产生的空间和这些行为空间所需的尺寸或者距离。

人向前方远眺时，前方特定距离即是满足远眺行为的尺寸。如肉眼辨别一个人的最大距离是 1200 米，认清一个人的正常距离是 25 米，看清面部表情的正常距离是 12 米，直接的个人联系之感出现于 1～3 米之间，室外感觉亲密的尺度是 12 米。

公园内轻型双向车道的尺寸一般是 3 米，这个宽度可以满足两辆轻型车辆会车。公园主路车道一般是 6 米，这个宽度不仅可以满足两辆任意车辆会车，而且可以满足应急疏散工作的需要。公园自行车道一般是 1.5～2.5 米，1.5 米的宽度刚好满足两辆自行车并行。

一般来说，适宜步行的距离约 500 米，适宜负重步行的距离是 300 米（图 3-38）。

人在不同目的下步行时，对前方空间或者距离的要求也不同。一般公共集会时，人喜欢站立于场地边缘，前方空间尺寸不宜小于 1.8 米；

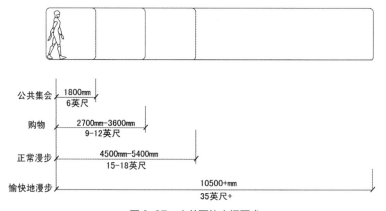

图 3-37 人前面的空间要求

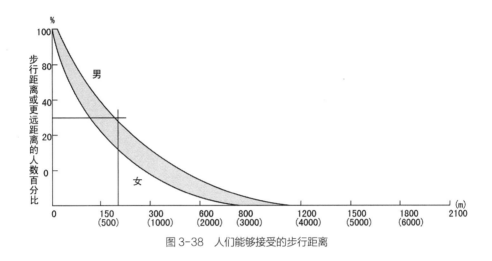

图 3-38　人们能够接受的步行距离

购物时，人喜欢缓慢行走，前方空间尺寸不宜小于 2.7 ~ 3.6 米；正常步行时，前方空间尺寸不宜小于 4.5 ~ 5.4 米；愉快的散步或者漫步时，前面空间尺寸不宜小于 10.5 米（图 3-37）。由此可以看出，人对空间尺寸的要求不仅仅来自于生理和行为需求，同样具有心理需求。

（3）心理尺度

人们并不仅仅以生理的尺度去衡量空间，对空间的满意程度及使用方式还取决于人们的心理尺度，这就是心理空间。著名心理学家班图拉认为人的行为因素与环境因素之间存在着互相连接、互相作用的关系。环境可以理解为周边的情况，而对于环境中的人来说，环境则可以理解为能对人的行为产生某种影响的外界事物。心理尺度的意义在于从审美和心理的角度满足人们关于尺寸大小的设计需要。

心理尺度通常指人在空间环境中对于尺寸大小产生的心理共性，属于环境心理学范畴。空间对人的心理影响很大，其表现形式也有很多种，主要包括领域性、个人空间、私密性与交往等。对应于心理尺度，则包括私密尺度、个人空间尺度、领域感尺度以及拥挤空间尺度等。不同的心理尺度对应不同的尺寸范围。

Altman（1975）提出，私密性是"对接近自己的有选择的控制"。因此，私密性是通过相应的空间尺寸和距离的控制来表达和感知的。私密空间的等级亦可以因空间尺寸和空间边界的不同而划分为公共空间、半公共空间或者半私密空间、私密空间。十分亲密的感情交流一般发生于 0 ~ 0.5 米，在这个范围内，所有的感官同时起作用，所有细节都一览无遗，空间具有私密性。较轻一些的接触一般发生于 0.5 ~ 7 米，这样较大的距离既可以在不同的社会场合中用来调节相互关系的强度，也可用来控制每次交谈的开头与结尾，这说明这个范围内空间具有半公共或者半私密性，是适合于交谈需要的特定空间。例如，电梯内的空间就不适合于邻里间的日常交谈，通常 1 ~ 1.5 米的进深无法避免不喜欢的接触或者退出尴尬的局面。

Robert Sommer（1969）曾对个人空间有一个生动的描述："个人空间是指闯入者不允许进入的环绕人体周围的看不见界限的一个区域。"

个体周围特定的空间尺寸与距离表达出个人空间感，使人从生理或者心理上产生心理梯度变化。如人的安全距离一般为 3 米，大于 3 米则给人开阔的感觉，从而失去个人空间感；人与人之间的谈话距离一般大于 0.7 米，当小于这个距离时，会感觉到个人空间被侵入，产生不适感，从而下意识地产生后退或者撤步的动作。亦如最小室外空间（Outdoor Room）尺度是 6 米 ×6 米。积极使用的私院最小尺度是 12 米 ×12 米。

　　领域性是从动物的行为研究中借用过来的，人类的领域性指暂时地或者永久地控制一个领域，这个领域可以是一个场所或者一个物体。特定尺寸的空间给人不同程度的领域感，而空间本身亦体现不同程度的领域性。如一个人不受妨碍的站立空间是 1.2 平方米 / 人，人群中可忍受的最小站立空间是 0.65 平方米 / 人，人群拥挤、水泄不通的空间是 0.3 平方米 / 人。也就是说，当个人所占有的领域空间小于 1.2 平方米时，领域空间被轻微侵入，产生较弱的不适感觉；当个人所占有的领域空间小于 0.65 平方米时，领域空间被严重侵入，产生较强的不适感觉；当个人所占有的领域空间小于 0.3 平方米时，领域空间被彻底侵入，领域感将不存在。

　　2）经典案例中的尺度与尺寸

　　（1）泰姬陵（Taj Mahal）是为泰姬·玛哈尔修建的陵墓，被公认为"完美建筑"。陵墓由殿堂、水池、钟楼、尖塔等要素共同构成，是伊斯兰建筑的代表作，也是世界八大奇迹之一。下面将通过平面、鸟瞰、透视、立面以及剖面图等逐一分析泰姬陵案例中的经典尺寸（图 3-39 ~图 3-43）。

　　通过鸟瞰图可以反映平面各项尺寸在空间环境中的尺度感与比例关系。

　　通过鸟瞰图可以看出泰姬陵由前庭、莫卧尔

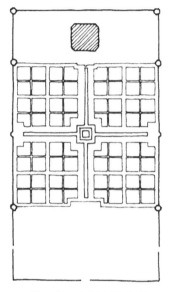

图 3-39　泰姬陵平面简图

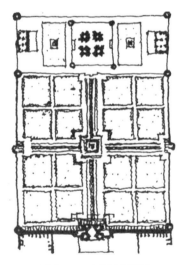

图 3-40　泰姬陵平面图

图 3-41　泰姬陵鸟瞰图

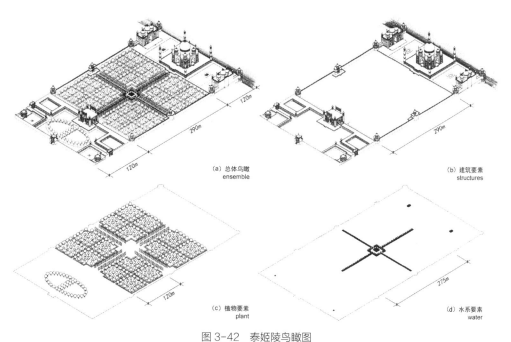

图 3-42　泰姬陵鸟瞰图
（a）总体鸟瞰图；（b）建筑物要素鸟瞰图；
（c）植物要素鸟瞰图；（d）水系要素鸟瞰图

图 3-43　泰姬陵经典场景透视图

花园以及陵墓主体三个主要空间单元构成，南北长约 575 米，东西宽约 295 米。其中，前庭南北进深约 150 米，莫卧尔花园南北进深约 295 米，陵墓主体南北进深约 130 米。平面各项尺寸反映空间环境中基本的尺度感与比例关系。

（2）阿尔罕布拉宫

阿尔罕布拉宫（Alhambra Palace），是中世纪摩尔人在西班牙建立的格拉纳达王国的王宫，有"宫殿之城"和"世界奇迹"之称，其中的狮子庭、桃金娘庭也被誉为世界上最美的庭院。下面将通过平面、鸟瞰、透视、立面以及剖面图等逐一分析阿尔罕布拉宫案例中的经典尺寸（图 3-44 ～图 3-49）。

桃金娘庭北端高塔高约 40m ，桃金娘

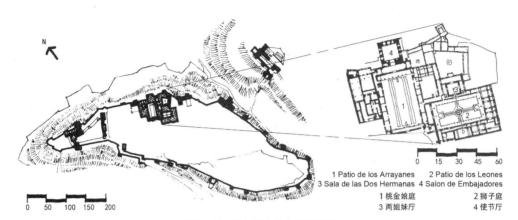

N
0
50
100
150
200
4
1
3
2
0
15
30
45
60
1 Patio de los Arrayanes
2 Patio de los Leones
3 Sala de las Dos Hermanas
4 Salon de Embajadores
1 桃金娘庭
2 狮子庭
3 两姐妹厅
4 使节厅

图 3-44　阿尔罕布拉宫总平面图

4m
2m
2m
7m
23m
2m
2m
4m
42m

图 3-45　桃金娘庭平面图

16m
28m

图 3-46　狮子庭平面图

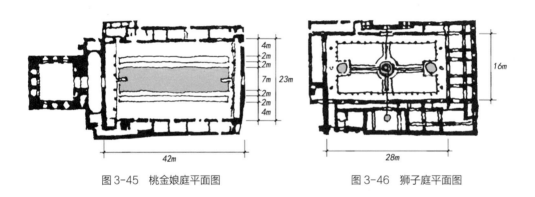

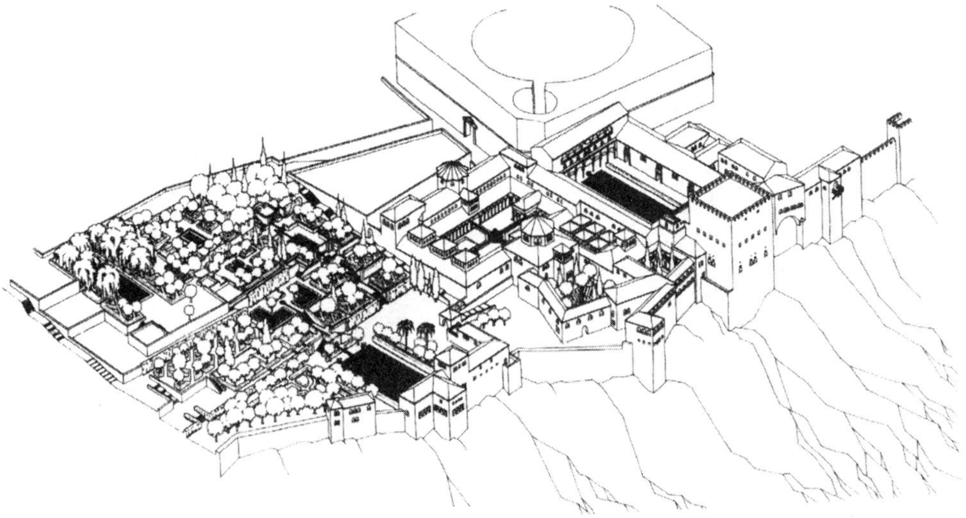

图 3-47　阿尔罕布拉宫鸟瞰图

图 3-48 阿尔罕布拉宫狮子庭透视

图 3-49 阿尔罕布拉宫桃金娘庭透视

中庭南北长约 36m，东西宽约 23m，庭院与高塔的尺度共同形成了桃金娘庭的标志性景观。

（3）留园

留园是中国著名古典园林，与苏州拙政园、北京颐和园、承德避暑山庄并称中国四大名园。以园内建筑布置精巧、奇石众多而知名，包括留园在内的苏州古典园林被列为世界文化遗产。下面将通过平面、鸟瞰、透视、立面以及剖面图等逐一分析留园案例中的经典尺寸（图 3-50 ～图 3-52）。

留园入口通道较窄而狭长，五十多米。留园中心水池东西宽约 36 米，南北深约 35 米，四周由远翠阁（高约 5.9 米）、曲溪楼（高约 5.29 米）、明瑟楼（高约 5.25 米）及其他楼、阁、假山围合，形成以水池为中心的正方形开敞空间，其间，濠濮亭（高约 2.9 米）、可亭（高约 2.8 米）错落有致，形成较高的视线焦点。

图 3-50 留园西楼透视图

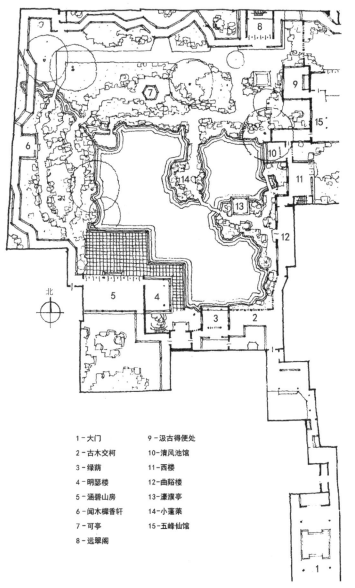

1 - 大门	9 - 汲古得便处
2 - 古木交柯	10 - 清风池馆
3 - 绿荫	11 - 西楼
4 - 明瑟楼	12 - 曲豁楼
5 - 涵碧山房	13 - 濠濮亭
6 - 闻木樨香轩	14 - 小蓬莱
7 - 可亭	15 - 五峰仙馆
8 - 远翠阁	

图 3-51 留园平面图

图 3-52　留园透视图及剖面图

3）空间设计的基本尺寸单元

一些特定尺寸的空间往往能够表达特定的、极具代表性的内涵与感受，常作为空间尺度转化的标尺存在于每个设计师的心中，这样的空间及其尺寸往往被称为尺寸单元或者尺寸单元模块。这个尺寸单元不是绝对精准的量的描述，而是对某一尺度空间的功能与心理特点的概述。

（1）5 米 ×5 米单元模块

5 米意味着什么？5 米是人步行 7 步左右的距离；5 米是接近两层住宅建筑的高度；5 米是单层临街商业建筑的高度；5 米是停车位的最小长度；5 米是公园主要道路的一般宽度。5 米 ×5 米是公共空间适宜交谈的最小尺寸；5 米 ×5 米是人均居住实用面积；5 米 ×5 米是一棵中小型乔木树冠的冠径尺寸。

5 米 ×5 米意味着人在室外的最小活动单元（空间），满足人在室外的一般行为尺寸，不会产生不适的心理感受，是人在室外活动的基本单元模块。

（2）20 米 ×20 米单元模块

20 米意味着什么？20 米是城市次要道路的一般宽度（指道路边线间的距离），可以设置并行 6 车道（不包括非机动车道和人行道）；20 米是多层住宅建筑的高度；20 米是认清一个人的最小距离；20 米是板式高层或小高层的一般进深尺寸；20 米是标准网球场的宽度；20 米 ×20 米是一颗大中型乔木树冠的冠径尺寸；20 米 ×20 米是一个小型花园的尺寸；20 米 ×20 米是一个小型游泳池的大小。

20 米 ×20 米意味着一个庭院的基本尺度单元。

（3）250 米 ×250 米单元模块

250 米意味着什么？250 米是一个街区的

尺度；250 米是两公交站一半的距离；250 米是最佳步行距离。250 米 ×250 米是普通城市单元（住宅小区、学校、医院、公园、行政办公单位等）的尺度；250 米 ×250 米是理想风水模式下的空间单元尺度。

（4）其他尺度概念

景观设计包括十分广泛的内容和尺度。但是就设计而言，一个项目，无论什么尺度，从开始就应该考虑到后面的深化设计或者详细设计，才能保证后续详细设计或者施工图设计的顺利进行以及施工建设的顺利展开。这里还存在这样一种不同于尺寸单元模块的尺度概念，一般来说，100 千米 ×100 千米是区域尺度，10 千米 ×10 千米是社区尺度，1 千米 ×1 千米是邻里尺度，100 米 ×100 米是场所尺度，10 米 ×10 米是空间尺度，1 米 ×1 米是细部尺度。

3.4.2 相关法规条例与技术规范

1）相关法规

法规是法律、法令、条例、规则、章程等法定文件的总称，是国家机关制定的规范性文件，具有法律效力。这些法规都是经过行业专家长期积累总结出来的，经过国家相关专业的机关审核后制定出台，予以执行。学习景观设计，必须熟知本行业的相关法规，方能保证设计的内容符合规定、适宜实施。

景观设计行业需要学习和了解的法规包括《中华人民共和国建筑法》《中华人民共和国城乡规划法》《城市绿化条例》《城市绿化规划建设指标的规定》《风景名胜区管理暂行条例》《城乡规划编制办法》《建设项目选址规划管理办法》《中华人民共和国环境保护法》《中华人民共和国自然保护区条例》《中华人民共和国森林法》等。

2）相关规范标准

规范是指群体所确立的行为标准，可由组织正式规定，也可非正式形成。技术规范是有关使用设备工序、执行工艺过程以及产品、劳动、服务质量要求等方面的准则和标准。当这些技术规范在法律上被确认后，就成为技术法规。

每个行业都有自己的规范与标准，以统一整个行业的行为标准。景观行业遵循的规范与标准涵盖风景园林类、建筑类、规划类、土木工程类、环境类等。

一般包括《园林基本术语标准》CJJ/T 91—2017、《城市绿地分类标准》CJJ/T 85—2017、《风景名胜区规划标准》GB 50298—2018、《公园设计规范》GB 51192—2016、《城市道路绿化规划与设计规范》CJJ 75—97、《城市用地竖向规划规范》CJJ 83—2016、《城市居住区规划设计标准》GB 50180—2018 以及其他建筑设计类、市政工程规划设计类规范等。

3）技术经济指标

技术经济指标是从量的方面衡量和评价规划质量和综合效益的重要依据，有现状和规划之分。一般技术经济指标由两部分组成，一是用地平衡（土地平衡），二是主要技术经济指标。

用地平衡（土地平衡）是指城市建设用地（H）各项分类中的用地相互间的比例关系，不包括非建设用地（E）。《城市用地分类与规划建设用地标准》GB 50137—2011 规定，城市建设用地包括居住用地（R）、公共管理与公共服务用地（A）、商业服务业设施用地（B）、工业用地（M）、物流仓储用地（W）、交通设

施用地（S）、公用设施用地（U）、绿地（G）
八类用地。

主要技术经济指标一般包括规划总用地面
积、建设用地分类中某类或者某几类用地的面
积（尺度不同的情况下，该用地面积也指道路
面积、广场面积）、建筑面积、平均层数、人
口密度、容积率、建筑密度、停车率、停车位、
绿地率（包括绿地面积和水域面积）、拆建比
等主要指标。这些指标又分为必要指标和选用
指标，详细内容可参见上述规范。

3.4.3 设计表达

1）设计表达的内涵

景观空间的设计表达是通过可视化的手段
对景观空间的内涵与构成进行综合表述与展示。
目的是将设计者的想法与构思一一展现出来，
供设计者自我审视，也可供他人认知与理解设
计内容，达到设计交流与沟通的作用。这里说
的他人包括专业人士和非专业人士。因此，设
计表达的成果不能仅仅将设计的内容表述给专
业人士，更应该让非专业人士读懂看清，这就
需要注意设计表达的语言（语汇）与形式（图
3-53）。设计表达的主要内容包括设计者的构
思、设计对象的布局、形态、构造、材料、色彩等。

2）设计表达的途径

传统的设计表达方式是图纸表达。通过徒
手绘图与工具绘图的方式将设计的想法、内容
表达于纸上，供交流与沟通使用，一般包括铅
笔草图、钢笔草图、钢笔画、钢笔淡彩、彩色
铅笔、马克笔、水彩水粉等。随着社会发展与
时代进步，表达的方式与方法更新得越来越快，
设计表达的途径也愈加多元化、多样化，总体
上可以分为图纸表达、模型表达和多媒体表达

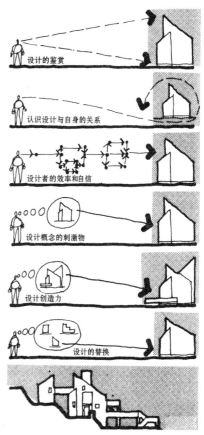

图 3-53 设计与表达

三种类型。

（1）图纸表达

平面图是在距离地面 1.2 ~ 1.5 米的高
度进行水平方向剖切后，所能够看到的物体在
地面上的垂直投影。平面图是景观设计中最为
重要，也是首先需要确定的图纸，综合包含
了多方面的设计信息。绘制平面图时，须按
照一定的比例绘制。一般情况下，总平面图
比例为 1：1000 ~ 1：5000，节点平面图比
例为 1：200 ~ 1：500，建筑各层平面图为
1：100 ~ 1：300 等（图 3-54）。

绘制平面图是为了准确表示各要素在水平
面上的位置及其关系，绘制时需将各要素区分，

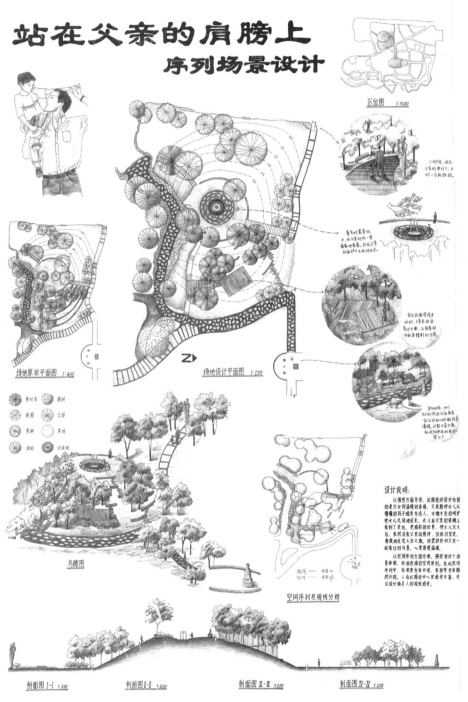

图 3-54　某基地的序列场景设计方案

清晰表达，避免混淆。应严格按照比例绘制各平面要素，以免因为比例失调而产生错误的识图引导。同时，绘制平面草图应讲究美学原理，注意各平面要素线型、颜色、色调等之间的黑白灰关系。正式工程图纸应严格按照制图标准中的字体大小、标注方式、线型比例等要求绘制。

立面图是空间及空间中各要素在垂直投影上所得的图形。立面图用来表达视线正前方地面以上各物体之间的高度关系、前后关系（前后层次、高低层次、轮廓线等）以及所看到物体的立面形式与尺寸。一般情况下，立面图比例为 1：100 ～ 1：500 等。

剖面图是在空间中某一点进行竖向（垂直于地平线方向）剖切后，所能够看到的物体在垂直面上的投影。剖面图具有明确的剖切方向，剖切符号应在平面图上准确标示。剖面图用来表达地面上各物体间的高差关系（水系深度、覆土厚度、驳岸坡度等）以及所看到物体的立面形式与尺寸（图 3-55）。

景观空间的剖面设计包含三种类型的比例尺，范围通常从 1：2000 到 1：50。剖面图通常与平面图一同绘制，其中 1：2000 的比例尺表达土地空间的轮廓变化和不同景观要素的空间秩序和景观格局，1：1000 ～ 1：500 的比例尺表达主题空间节点的要素布局，1：200 ～ 1：50 的比例尺表达景观要素的技术构造和材料细部表现。

透视图是指表达空间及空间中各要素尺度关系的三维空间表现图，并不能完全作为精确的尺寸进行参照。一般来说，透视图选择在人眼高度 1.5 ～ 1.7 米之间的视平线位置绘制，更接近于实际观看时的真实效果。鸟瞰图也是透视图的一种，是高于人的视平线所看到的空间景象，能够整体地反映空间景象的三维关系与总体效果。

效果图是通过图示语言作为传媒来表达空间或者设计作品所希望达到预期效果的图纸。效果图分为手绘效果图和电脑效果图。手绘效果图是通过绘画来表现的，而电脑效果图则是利用电脑软件来模拟表现的。下面的内容会详细介绍电脑建模与效果图制作的相关软件。

图 3-55　剖面图

其他图纸包括分析图、轴剖图、施工图、详图等，大部分是基于上述平、立、剖面以及透视图的基本原理演变而来的，是补充说明、表达设计方案的重要图纸，表达方式十分丰富。

分析图通常是围绕某一个观点或者要素进行研究、分析、构思，并通过图示语言把这个研究、分析、构思的过程逐一展示于纸面上的图纸，具有很强的说明性、逻辑性、研究性和概念性。针对不同对象，分析图可以分为区位分析、位置分析、现状分析、构思分析、形态分析、地形分析、文化分析、交通分析、视线分析等。绘制分析图时必须明确分析的清晰思路与导向性、分析所用的要素、分析所用的方法、分析表达的形式，避免"绘之无物"或者"帮倒忙"的情形（见图 3-56 ）。

轴剖图是在轴测图的基础上，结合剖面图演变而来的剖透视图，既能表达三维空间的透视效果，又能表达可见方向上的剖面内容，是内容较为综合的设计表达图。因为轴剖图可以同时表达三维空间中的景象与地平线上下的剖面要素关系，既可以表达感性的三维空间效果，又可以表达科学严谨的剖面数据与尺寸，往往是景观专业所喜爱的图纸表达形式之一。轴剖图的内容应包括地形、植被、建筑、主要构筑物、水体等要素，表达效果应体现出不同景观要素的垂直空间分布和水平空间布局，要素之间的层次感和相互关系应表达明确，要素的轮廓形态和尺度要准确，细部形式可以简化（图 3-57 ）。

施工图是用以指导施工的图样，包括工程

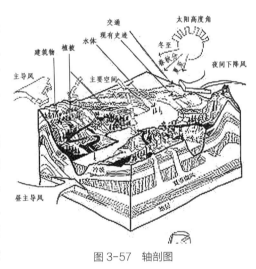

图 3-57　轴剖图

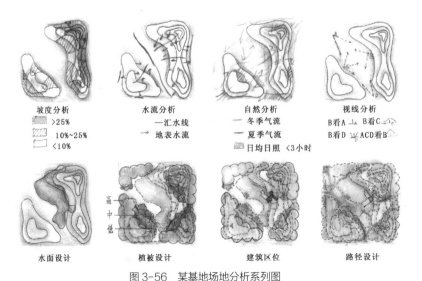

图 3-56　某基地场地分析系列图

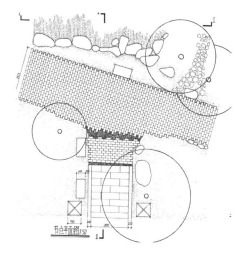

图 3-58　节点平面图

项目总体布局，物体的外部形状、内部布置、结构构造、内外装修、材料做法以及设备、施工要求等内容。严格按照相应的制图标准进行绘制。施工图中包括大量的节点详图，具有空间细部的尺寸、材料、构造和技术要求等细节内容，比例尺通常在 1∶500 ～ 1∶10 之间。1∶500 的比例主要表达空间的节点设计，内容应表达构成景观空间的主要要素的形态关系及场所特征，效果要体现景观空间的自然品质和人在场所中活动的主要方式，图纸可以用透视图、平面图、立面图、剖面图及照片意向（图 3-58）。

（2）模型表达

实体模型是运用真实材料按照一定比例制作的真实存在的模型。实体模型一般有木质模型、水晶模型、ABS 树脂模型、金属模型等。实体模型分为手工实体模型与机械实体模型。前者是制作者亲手运用工具制作的模型，后者是利用电脑输入尺寸信息等，操作机械设备制作的实体模型。

三维模型是通过电脑软件辅助等手段模拟三维空间环境制作的三维电脑模型。运用

3DSmax、Maya、SketchUp 等软件可以制作出 3D 模型，可广泛用于建筑、规划、景观、室内设计、三维游戏等领域。这类电脑软件的共性原理是创建 XYZ 轴三维虚拟空间，利用顶点编辑模型，顶点之间相互连接形成三角形或者四边形，无数个多边形将构成各种各样复杂的立体模型，然后利用纹理贴图赋予三维虚拟模型以仿真材质或者照片贴图等，最后通过光影模拟，实现现实场景中的光照景象还原，最终完成三维模型的制作。

三维模型的优点在于高仿真度与高写实性，便于模拟观赏、体验真实场景的空间效果与尺度感受，同时便于反复修正、调整，直至确定方案，再打印出图或者输出至多媒体软件进行下一步的多媒体动画编辑。

目前用来进行三维建模的软件包括 AutoCAD，3DSMax，SketchUp，Lumion，V-Ray，SoftImage，Autodesk Maya，UG（Unigraphics NX），alias studio，Rhino，Pro/Engineer，CATIA，solidwork，AutoCAD Architecture，AutoCAD Map 3D，Revit Architecture 等。其中，AutoCAD，3DSmax，SketchUp，Maya，Rhino，Lumion，V-Ray 为建筑、城乡规划、风景园林专业常用建模与渲染软件。

目前最新的 BIM 系统正在全球研发阶段，推广后将实现设计及维护管理过程电子化的目标。

（3）多媒体表达

多媒体（Multimedia）一般理解为多种媒体的综合体。多媒体是电脑和视频技术的结合，实际上它是双重媒体，即声音和图像。在今天，越来越多的多媒体技术运用到了各个领域，也包括设计领域。

多媒体表达是综合运用电脑与视频技术来

表达设计作品的方式，包括电脑制作三维模型，结合视频后期处理，渲染电脑动画来综合表达设计者所设计的空间环境、场景、形态、尺寸、材料、颜色等，甚至是添加配音说明设计内容等。目前该方式已在行业内广泛运用。

思考与训练：生活中的尺寸与尺度

这是一个课外实践练习。选择身边的一个城市公园或者街头绿地，进行景观调查与测绘，结合景观表达的方式与方法，将调查的结果转化为设计图纸并进行使用舒适度评价。图纸中应包括总体的鸟瞰图，平、立、剖面图以及相应的尺寸标注，细部的透视图，平、立、剖面图以及相应的尺寸标注。舒适度评价应结合环境心理学、大众行为学等内容对现状场地的空间感受进行分类评述。

目标：通过对实际案例的调查与测绘，掌握场地调查与测绘的基本方法，了解尺度、尺寸与空间的相互关系，初步理解尺寸对于空间设计的意义。

思考与训练：建立个人数据库

这是一个伴随着专业学习过程的长期积累练习。坚持每天记录一个身边的物体，记录的内容应该包括其基本尺寸、人的使用方式、透视效果以及使用心得等。

目标：通过长期记录身边所接触的各类物体尺寸，积累下的大众生活行为中的必要尺寸数据，建立个人空间尺寸的数据库，为景观设计奠定尺度与尺寸的基础。

推荐读物

[1] Marshall Lane.景观建筑概论 [M].林静娟，邱丽蓉合译．台北：田园城市文化事业有限公司，1996：261.

[2] （美）托伯特·哈姆林．建筑形式美的原则 [M].邹德侬译．北京：中国建筑工业出版社，1987：218.

[3] （美）丹尼斯等．景观设计师便携手册 [M].俞孔坚等译．北京：中国建筑工业出版社，2002：481.

[4] 彭一刚．中国古典园林分析 [M].北京：中国建筑工业出版社，1986：106.

[5] （日）中村好文．意中的建筑：空间品味卷 [M].林铮凯译．北京：中国人民大学出版社，2008：137.

第 4 章

景观设计——选题与训练
Landscape Desing: Studio Topics for Training

学习导引

学习目标

（1）掌握景观调研的基本程序与方法。

（2）通过系列设计训练，培养"场所中的场景"景观空间设计方案构思与表达能力。

（3）通过系列设计训练，培养"场地中的生境"景观空间设计方案构思与表达能力。

内容概述

这是本教材的最后一部分，包括"景观调研"、"场所中的场景选题与设计训练"和"场地中的生境选题与设计训练"三个小节，主要内容是运用 C 部分的基本原理进行设计训练。

我们的设计训练并没有从单个设计要素入手，而是从一开始就立足于综合、整体的景观空间设计。设计训练的题目选择由简单到复杂，空间尺度由小到大，设计方式由关注空间限定到突出景观的自然与人文属性，在每个设计环节中都会有新的内容出现——我们的景观理念、景观项目及景观空间的基本内容会在此过程中逐步融入。

在 4.1"景观调查"中，讲解了如何准备和进行景观设计的前期调研工作，并在后面的

章节中运用案例进行示范。在 4.2"场所中的场景选题与设计训练"中，安排了从站点到境地空间等一系列环环相扣的题目，集中训练不同景观意义的空间营造方法。这些训练要求理解不同景观意义的外部空间的功能和品质，着重于对用地布局与空间组织的方案构思与表达能力的训练。在 4.3"场地中的生境选题与设计训练"中，重点涉及两类典型场地中的生境空间，包括雨水利用及植物景观设计内容等，重点仍然在于对用地布局与空间组织的方案构思与表达能力的训练。

关键术语

景观空间设计系列训练、设计选题、景观调查、方案构思与设计表达

学习建议

本部分着重于教材第三部分知识的运用，并全面涉及其余各部分、各章节知识的训练，注意景观基本原理的渗透。每个训练的题目都包含题目解说、教学目标、成果要求、教学建议及作业评析等，建议在仔细阅读本书第三部分设计原理的基础上，以训练的方式加强对原理的理解。可根据不同学校的专业背景及教学进度，选取并调整训练的内容及先后顺序。

4.1 景观调查报告

4.1.1 景观调查的目的和程序

景观调查是围绕景观对象，运用科学的调研方法，通过有组织、有计划地搜集、整理和

分析资料以及细致深刻的现场考察，达到认识和理解景观对象的目的。景观调查的目标有两个层次："认识"和"理解"景观对象。前者着重于对景观对象的表象特征的认识，后者侧

重于理解和把握景观对象的内在本质与规律。（参见 1.2.2）通常而言，景观调查的程序包括三部分内容：调查准备，现场工作及调查成果整理。

从社会发展的角度来看，随着世界范围内新的经济、政治、社会、文化和信息等的发展进步，景观调查也面临着新的发展。首先是科学化，景观调查的方法日益程序化、规范化、数量化和精确化，景观调查方法越来越丰富，越来越科学，其中，麦克哈格先生对于景观调查从手工地图叠加和"千层饼"模式到地理信息系统与空间分析技术的发展做出了巨大的贡献。其次是广泛化，景观调查活动日益广泛化，调查范围也日益扩大，现代社会调查，尤其是抽样调查，往往在整个地区、整个部门，或者跨地区、跨部门，甚至在全国以至国际范围内进行。最后是现代化，近代以前的景观调查，基本上都是采用手工方式进行的，每次调查都是由调查者本人或以一个主持人为中心，带领一批助手亲自到现场进行观察和访问，记录资料、整理资料和分析资料的方式也大都是手工的。现代社会，随着科学技术的迅猛发展，照相机、录音机、绘图仪、电话、计算器、电脑、DV 等新型工具在景观调查中得以广泛应用，景观调查的效率和质量因此得到了很大的提高。计算机的普遍推广和信息网络技术的发展应用等，更促使景观调查进入一个全新的发展阶段，这些共同促成了景观调查的现代化发展趋势。

4.1.2　调查准备

1）撰写调查提纲

为保证整个景观调查活动的顺利开展及各项具体工作得以高效率地实施，科学的景观调查活动必须事先制定出详细、周密的调查提纲。调查提纲的制定主要在于对整个景观调查的研究工作进行科学的规划，确定调查的最佳途径，选择调查的恰当方法，对具体的调查指标及其操作定义、操作步骤等内容进行科学的界定。提纲的主要内容包括调查的目的、目标、方法、计划等。调查的方法主要包括文献调查、实地调查、访问调查、集体访谈调查以及问卷调查等方式。而调查的目标主要包括景观调查要解决什么问题、解决到什么程度，是学术性探索，还是要提出具体的对策建议，是了解具体的现实状态，还是深究其深层次的原因等。甚至还具体到调查成果的具体表现形式，例如是以学术专著出版，还是撰写完成调查报告或学术论文，或者简单地作口头汇报或讲演等。

2）测绘、调查工具的准备

景观调查所需要的物质材料和工具主要包括调查提纲、调查问卷、速写本、图纸、画笔、卷尺、照相机、不同比例的地图、录音采访机、摄像机以及笔记本电脑等内容。其中，需要着重讲解在景观调查过程中，携带不同比例的地图的原因，例举说明重点需要携带哪些比例的地图。地形图是真实表现特定时间段内土地空间地貌形态、土地内容和平面位置的图纸，因此，在景观调查中主要以地形图为基础展开工作。景观调查和分析，面对不同土地空间的尺度，应该选取不同比例的地形图，因为地形图比例在地形图内容的完备性、详细性和精确性方面起着重要的作用。

3）图纸及基础资料的准备与分析

在景观调查中，五十万分之一的地形图主要用于整体分析和案例中水系、地貌类型的区位分析工作；十万分之一和五万分之一的地形图所表达的信息量基本相似，这一比例的地形图主要用于案例选区的小流域单元所在的上一层级流域的分析、单元组合和典型性流域与行政界域的关系的分析，同时也是绘制单元景观格局的底图。一万分之一的地形图主要用于现场调查记录和标注，因为这是人体行为尺度与地貌空间关系的最小比例尺度，在现场观察中容易辨认、核对地貌、地物的尺度关系，是进一步分析景观要素构成、形态和分布的地形图的比例尺度。同时，该比例尺的地图还可以放大制作成五千分之一的地形图，用来进行典型村落及周围环境的分析工作。

4）路线及时间安排

现代社会生活瞬息万变，应注意提高调查工作的效率，缩短景观调查过程中不必要的工作时间，减少景观调查的浪费，遵循效率原则，同时可以确保社会调查工作的社会价值及时得到体现，因此，在调查的路线和时间安排上也要细致与高效。

4.1.3 现场工作

这一阶段必须做好外部协调和内部指导工作，外部协调主要包含两个方面：一是需要紧紧依靠被调查地区或单位的组织，努力争取他们的支持和帮助，尽可能在不影响或者少影响他们正常工作的前提下，合理安排调查任务和调查工作进程；二是必须密切联系被调查的全部对象，努力争取他们的理解和合作。内部协调主要是指：在调查阶段的初期，应帮助调查人员尽快打开工作局面，注重调查人员的实战训练和调查工作的质量。在调查阶段的中期，应注意及时总结交流调查工作经验，及时发现

和解决调查中出现的新情况、新问题，并采取得力措施加强后进单位或薄弱环节的工作，促进调查工作的平衡发展。在调查工作的后期，应鼓励调查人员坚持把工作完成，对调查数据的质量进行严格检查和初步整理，以利于及时发现问题和做好补充调查工作，调查阶段是获取大量第一手资料的关键阶段，由于调查人员接触面广，工作量大，所遇情况复杂，人员变化迅速，所以这一阶段的问题最多，指挥调度也最困难。

由于景观调查所涉及的景观现象和景观问题等往往比较复杂，调查的工作量也比较庞大，一个人难以有效地开展全面、深入的社会调查，难以取得丰硕的调查成果。景观调查活动的开展，较多地是通过组建景观调查队伍或者成立调查小组，一定规模的人员共同参与，分解工作，总体协调，从而高质量、高效率地完成庞杂的调查任务。调查队伍的结构要求存在多个方面：①职能结构，应当具有一两个善于总揽全局的领导者和组织者，有一批具有实干精神的调查人员，有一定数量的统计人员和计算机操作人员以及若干个水平较高的研究人员和写作人员；②地域结构，应该注意外地人和本地人的结合，吸收一部分被调查地区的当地人（最好是具备一定的调查素质和能力）加入调查队伍，能够对调查活动起到相当大的促进作用；③知识结构，应当既有较高水平的理论研究工作者，又有经验丰富的实际工作者；④能力结构，这里的能力是指实际调查能力，老手具有丰富经验，新手没有陈旧的规则限制，新老搭配有利于取长补短，提高调查效率、质量以及调查队伍的学习成长；⑤性别结构，应该根据被调查对象的性别结构合理安排调查队伍的性别结构。

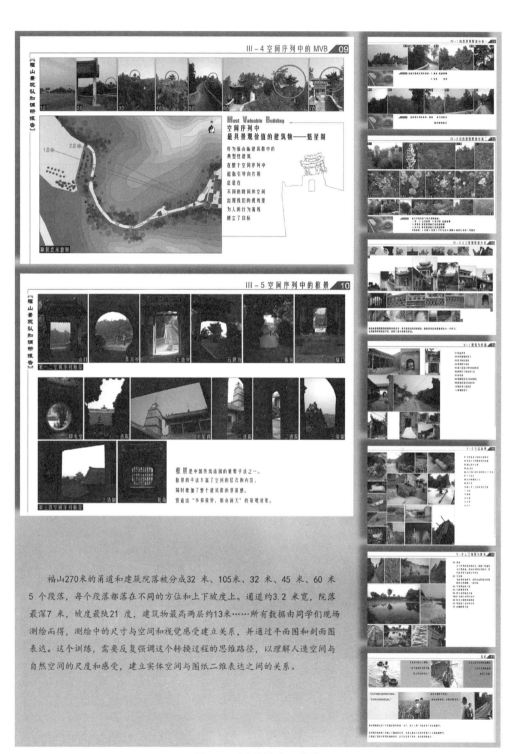

福山270米的甬道和建筑院落被分成32 米、105米、32 米、45 米、60 米
5 个段落，每个段落都落在不同的方位和上下坡度上。通道约3.2 米宽，院落
最深7 米，坡度最陡21 度，建筑物最高两层约13米……所有数据由同学们现场
测绘而得，测绘中的尺寸与空间和视觉感受建立关系，并通过平面图和剖面图
表达。这个训练，需要反复强调这个转换过程的思维路径，以理解人造空间与
自然空间的尺度和感受，建立实体空间与图纸二维表达之间的关系。

图 4-1　景观认知调研报告

4.1.4 调查成果整理

成果包括：①整个调研过程的有效记录（包括调研目的、调研方法、调研时间、调研过程、测绘的起止时间、重点测绘地段位置、测绘工作人员分工、简要的小结及评价）；②重点测绘地段的平、立、剖面图（电子文件）；③重点测绘地段的标记点现状及各点的视线分析（图及照片）；④重点测绘地段在整个景观序列中的定位分析（图及照片）；⑤重点测绘地段中有意义的细部（图及照片）；⑥每个人的感受（记录整个调研过程中时时刻刻的感受，尽量详细不要遗漏，尤其是重要的细节，要反映个人独特的体验，要有专业视角）；⑦有意义的其他内容（自定）；⑧以小组为单位提交电子文件，并详细记录每位成员的调研情况，注意图、文、表、照的结合。

通过调查所获得的大量第一手资料，还只是粗糙、表面和零碎的信息，尚不能够直接作为景观调查结论的依据，需要经过检验、整理、统计分析和理论分析等研究过程，才能最终为调查结论的得出提供科学的依据。景观调查的资料整理与分析等工作内容，是景观调查活动深化和提高的阶段，是由感性认识向理性认识飞跃的阶段。

整理资料就是根据调查研究的目的，运用科学方法，将社会调查所获取的资料进行审核、检验、分类、汇编等初步加工，使其更加系统化和条理化，以简明集中的方式反映调查对象的总体情况的工作过程。整理资料是研究资料的基础，是景观设计调查的研究阶段工作的正式开始。社会调查所获得的资料，一般包含文字、数据、问卷、影视、实物等不同类型，本节主要介绍文字、数据、问卷三种资料的整理方法以及数据清理方法。另外，调查资料整理的原则是：真实准确，完整统一，简明集中，新颖组合。整理完成一份完整的调研报告，是项目前期或其他研究工作的重要基础，其本身具有成果性价值（图4-1）。

4.2 场所中的场景选题与设计训练

4.2.1 景观空间设计系列

本模块由六个环环相扣的小设计和一个综合设计构成，包括站点、观景点、道路、象征性空间、纪念性空间、境地空间设计。所有的练习都应在真实、具体的地点展开，每个小设计需要1～2天的参观调研及1～2周的设计时间。教师在参考本部分内容进行教学时，建议训练选题尽量要结合地域特点进行，并且在训练中穿插一些第3章相关原理的讲解，并注意景观基本理念的应用。

1）站点空间

（1）题目解说

训练主题：选择一个中等尺度的场所（100～500平方米），建立基地所需要的站点。"站点"是系列训练中的第一个，选择它作为入手点，首先是因为其空间比较简单，容易上手；其次在于站点空间是其他后续空间的构成基础。

基本概念："站点"这个词可理解为两种意思，一是"网络地址"，如新浪站点，二是车辆的"停泊点",如公交站点。在景观空间中的站点更贴近于后一种概念,它的含义如下:站点是场所中供人停留的地方,尤其指游人步行过程中愿意驻足之处。这样的站点有三个特征:一是处于外部空间,二是具有停留功能,三是有一定的空间范围。

站点的选择具有偶然性与必然性。人在某处的停留、驻足的原因多种多样,似乎很偶然,比如由于鞋带松开需要停下紧紧,或者实在是走累了需要找地方歇息,或是某处人多地窄不得不停,或是景色好,有地方可以坐下。这些例子揭示出站点的选择似乎极为偶然,但在实际的观察中,比起大多数地点,有些地点总是有人"自愿"地停留,一定具有某些必然性的原因。

"好的"站点是什么?人为什么愿意停在这里?这些问题正是我们要思考和讨论的内容,人们愿意停留的地点就是"好的"站点位置,它一定不是被迫停留的地点。"好的"站点能让人自然地停留并且感到愉悦,甚至愿意一直待在那儿。

"好的"站点形成有几个必要的条件:一是功能的决定作用,有可供人停留的设施或活动的场地(功能需求);二是具有停留空间形成的潜质,环境舒适,能提供安全感和私密性(空间限定);三是视线的决定作用,景色好。

(2)教学目标

(a)使学生的注意力由内部空间转移到外部空间(由内到外),设计中,从关注单纯的空间形态到关注人在空间中的感受与需求(由物到人)。

(b)通过理解人选择"天然"站点的原因,来关注外部空间的功能性(关注功能)。

(c)通过改造与设计站点,理解景观空间的构成条件及构成要素。

(3)成果要求

明确外部空间的边界、功能、游线。运用景观要素对空间进行设计和改造,完成下列成果图:

(a)基地现状图,是观察基地后制作的简图,要求绘制地形、植被、道路、已有站点以及相关要素。

(b)站点位置平面图,说明站点的位置和选择原因,注明图例。

(c)站点现状平面图,在另一张现状图上反映场所的潜力(成为站点的可能性及原因)。

(d)站点设计图,包含图解和图例,至少含有平面图、透视图、剖面图以及细部设计等。

(4)教学建议

基地建议:教师要就近选择一处具有一定自然环境品质、被人使用的外部空间,如公园、校园等,并提供示意图。训练时间控制在1~2周。

讲课内容:景观设计要素的种类及功能、景观项目的定义、外部空间的功能、外部空间的组织、公共空间的种类。

注意事项:要了解及比较学生个人的景观历史和认知角度。引导学生注意思考自己同其他人选择的站点是否一致,原因是什么,好的站点是如何形成的,在空间感受方面植物等自然要素所起到的作用。

在具体设计中,注意简化处理,将站点处理为边界明确的简单空间,具有一定的功能,如休息、眺望等,而不必考虑其他方面。

(5)作业评析

见图 4-2。该作业包括站点位置选择与站点空间设计两部分。站点选择是基于对基地整体相邻多个位置的比较,而后结合功能要求、环境品质与视线特征分析了站点的潜力以及问题。在站点设计方面,应用自然与人工要素,

图4-2 站点设计例图

突出强化站点的停留性（休憩）与视觉舒适感
（观景）。

2）观景点

（1）题目解说

训练主题：观察基地，选择任何一个好的
视觉景象，设计一个观景点及其环境，要求与
场地特质及精神相融，并在观景点处设计一个
（组）说明展板，向观赏者展示、解读这个景象。

（2）教学目标

（a）了解外部空间设计的知识，理解项
目基地与环境的关系，掌握土地景观特质分析
方法。

（b）理解项目程序与阶段及文脉分析。

（c）掌握景观表达方式，透视图、剖面图
的作用。

（3）成果要求

在该观景点可以清晰地瞭望周围的大地环
境的特征。在这个观景点处画一幅可以表达所
观赏到的景象的图画，主要表达大地景象的
特征，分析（视角和剖面）视点与土地的关
系，并且从其他的位置来观察该观景点，理解
设计对象与基地环境的关系和土地景观特质的
内容。

（a）基地现状调研及测绘图。要求绘制地
形、植被、道路、已有站点以及相关要素，进
行要素分析。

（b）观景点位置平面图，说明观景点的
位置。

（c）视线、流线分析图。分析视点与土地
的关系，做视线、流线分析图及剖面图，表明
视点能够感受到的基地的景观现状，尝试从土
地的肌理中关注与感知土地景观特征。

（d）观景点设计图。设计能够适应景观视
点的背景空间环境，同时，在环境中设置解释

景观的展板，包含图解和图例，至少含有平面
图、透视图、剖面图以及细部设计等。

（4）教学建议

基地建议：教师选择一个较大尺度的具有
突出自然特征的场所，如小型风景名胜区或景
点，并提供万分之一的地形图。训练时间控制
在 1～2 周，实地调研 2 天以上。

讲课内容：景观的定义、项目的程序、景
观现场调研的方法、观察的方法与表达、景观
表达的实例、景观特征、土地的结构和组织、
自然与文化、历史文化遗产。

注意事项：创建一个观景点，理解土地的
景观特征，考虑如何建立观景点与周围环境的
联系以及任何一个视点的景观质量，考虑在项
目计划以前该点与环境的关系。这是学生第一
次接触景观特征的概念，尝试提炼出构成景观
特征的个性要素。思考背景与观察者的位置、
客观和主观因素对景观感知的影响，考虑基地
内部的视线和外部的视线。

（5）作业评析

图 4-3 所示的设计包括观景点位置选择与
观景点设计两部分。其位置的选择，是建立在
基地大范围的地形、植被、道路、已有站点等
空间要素的基础上的，同时注意了当地的文化
特征，所选观景点能够充分体现本区域的景观
特质。对观景点的设计也紧紧围绕着最大限度
地彰显设计者所看到的区域景观特质这一核心
问题。

3）路径

（1）题目解说

训练主题：设计一条道路流线，并考虑道
路沿线景观的整体性对该土地景观特征的展
示。设计一条让人感到舒适、具有景观品质和
环境品质的道路。

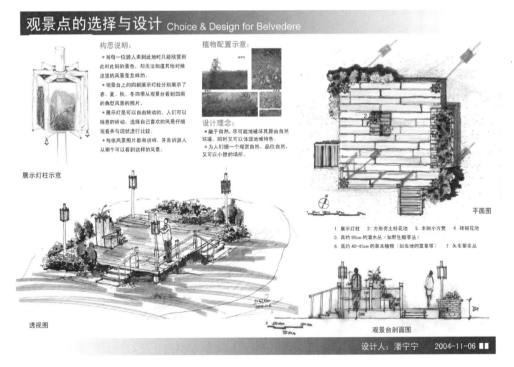

图 4-3　观景点设计例图

基本概念：道路在今天发展得很快，可人们有时甚至忘记了它们真正的价值。法国航空邮政属的飞行员曾说过："我们只需沿着道路行走，因为道路已延伸到我们所要去的任何地方了。"作家 Saint-Exupery 曾说过："道路会避开沙漠而通向绿洲。"道路是人类欲望的结果，道路的出现源于人类对土地的认识，人类的生存习性，人类在土地上的运动方式。

今天，类似于房屋和其他构筑物，道路在修建之前首先会出现在图纸上，但是大部分时间人们只考虑道路在技术方面的要求，而没有把它看成是必要的景观设施，也没有对它展开充分的景观研究。

尽管如此，无论是小尺度还是大尺度，尤其是国家级的道路和高速公路，道路都会成为景观项目的重要支撑要素。

（2）教学目标

·分析基地的文脉及基地自身，并在其中选择要连接的两点，为这两点之间的道路选线。

·观察研究道路沿线土地的景观特征，并指出其特点。

·将道路作为现存景观的技术插入体进行设计，设计重点是使道路更适应这片土地的景观特征。

·在精确设计道路及内部景色的同时，考虑它的内、外部环境的景色、品质、舒适度。

（3）成果要求

要求：掌握道路的设计因素，道路的性质与人的行为和心理因素的关系。

·基地及景区界限划定。

·道路系统设计（平面选线）：

第一设计一条或若干条步行游览路线，能够将景区的景观特征反映、展示出来。

第二设计的道路要与观景点结合起来，并

考虑如下因素的关系：视线、已有道路系统、人文（如案例中的灵泉村及福山等）、地形地貌、植被、地表径流、光线、日照等。

第三需注意的内容：道路是否成环路、路网密度、主路与次路、行程长短（数日、一日、半日游）。

第四道路细部设计，包括道路的横断面、纵断面、交叉口、道路转弯等处的详细设计及施工做法。

·成果方式：录像、录影、透视图、剖面、图表、照片等。

（4）教学建议

基地建议：本训练需要一个特定的环境背景，该环境能够提供多种情况，特殊的地形以及各种不同层次和不同远近的视线。

训练过程可以分为两个阶段：

第一阶段：基地分析，包括地形、视线、要素和潜力等。寻找需要道路连接的两个点。分析道路施加在地貌、比例、整体感、视线、使用等方面的可能的影响，要求从近看和远看两个角度来分析。

第二阶段：选择一种可能的线路，解释选择的原因。在考虑解决道路负面影响的问题上进一步细化方案，组织序列视线，解决路线问题等。

让学习者自己寻找出需要道路连接起来的两点，分析这条道路各种可能选线形成的形式、比例、统一、视线等方面的不同效果以及道路上的视线和在远处某一点看道路的视线。让学生选择一条可能的选线，并解释选这条线的理由。要求学生细化设计，并考虑解决道路不良影响的问题，组织视线序列，画出道路立面等。

讲课内容：一个项目中的流线，包括技术要求和流线的类型；项目的程序、方法和内容，

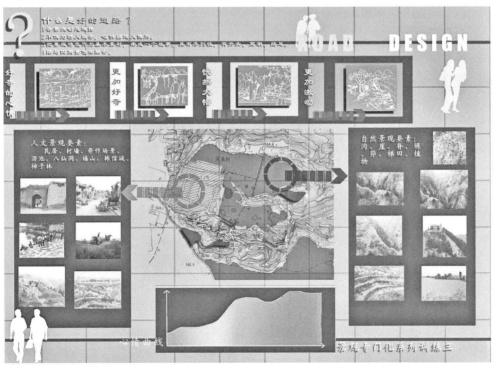

图4-4　路径设计例图（一）

图 4-4 路径设计例图（二）

包括土地的文脉分析方法、未来影响的分析方法、项目的影响、道路与景观、设计表达等内容。

（5）作业评析

图 4-4 所示的设计包括游线组织与道路设计两部分，两者的完成都是建立在基地大范围的自然景观要素与人文景观要素分析的基础上，同时牢牢地把握了游览者在这一序列中的体验变化，并考虑到了路线的多选择性。道路断面设计和竖向设计也紧紧围绕着最大限度地彰显设计者所看到的区域景观特征这一核心问题，充分展示了地区的景观特征。

4）象征性空间

（1）题目解说

训练主题：城市某场所的景观空间象征意义、纪念意义评析内容。

（2）教学目标

·了解城市公共空间认知与景观项目间产生的关系；

·理解城市代表性空间的象征意义和表达性；

·理解印象性、可描述性、认同性、唯一性的含义；

·掌握表达方式、标识、文字及概念性设计的内容。

（3）成果要求

西安城市中心是一个具有强烈特征的场所，寻找一个项目，进一步展示它的品质和它的特征，设计一个可以代表、表达它的符号或标志。

简单的平面强调广场的特征。

描述其他现状的视线。

设计一个象征符号（标志、家具、小品等），并重新命名。

（a）钟鼓楼广场的景观空间评析与历史认知（历史背景与文化内涵，礼制文化，暮鼓晨钟等）。

（b）调查：钟鼓楼广场给本地人与外地人的印象，能否代表西安古城。

（c）评析：代表钟鼓楼广场本质特征的景观要素构成。

（d）设计：钟鼓楼广场的标志图。

（4）教学建议

基地建议：这一训练主题不仅仅是把景观看作空间设计对象，更多地是将景观看作一种象征性、代表性的问题。这项训练耗时很短（一周或两周时间），却很重要。这项训练旨在探索景观项目作为一个完整项目的一部分，而对项目象征性的表现不能仅仅简化为平面设计，更为发现潜力和确定设计目标奠定了基础。

讲课内容：项目的影响，道路与景观，不同景观活动和项目的含义，项目的机遇、挑战与目标。

注意事项：景观特征的象征性问题，我们已经在前面的观景点训练中有所接触了。现在的这项训练旨在更深入地探索景观的表达性问题，其目标就是使学生在设计过程中考虑体现其精神的设计作用。比较其他训练，在这项训练中，如果学生互相对比各自的设计，使他们真正理解课程目标。

（5）作业评析

图4-5的设计者在方案中试图从各个方面传递出"西安市钟鼓楼广场"对于西安这座"千年古都"的强烈的象征意义。方案通过揭示钟鼓楼广场与千年西安的这种深刻的历史牵连，传递出对"象征性空间"这一概念的深刻把握，并通过"象征符号"的设计与精心构图传递出

对印象性、可描述性、认同性、唯一性这些概念充满感性的解答。

5）纪念性空间

（1）题目解说

训练主题：在城市中选择一处具有纪念性景观品质的场所，对其进行评析和再创造。

基本概念：纪念具有"思念不忘"和"举行纪念性庆祝活动"的意思，可以简单解释为"为了留住或唤起某种记忆的特殊事物"。纪念作为一种人类行为，通过物质性的建造或精神性的延续，或者二者的结合等手段达到回忆与传承历史的目标。纪念性景观就成为了人类纪念行为或纪念本能的主要途径。

对纪念性景观进行深入剖析可以发现，一个纪念意义的完整表达与三个方面密不可分，即景观形态（物质景观）、景观内涵（事件景观）以及景观受体（观赏者）。

其中，景观形态指物质景观本身，是物质世界，它具有各种不同的时间和空间形式；景观内涵指纪念性景观所具有的纪念事件（如历史典故、民间传说等）以及纪念意义，是一种事件景观；景观受体则指观赏者和纪念性景观信息的接受者，这在不同时代具有不同的时代精神和文化群体，由于时代的不同，观赏者必然产生精神世界和物质感知的不同，因此，即使是同一景观，对不同时代的人来说，也具有不同的意义。

可以说，纪念是通过这样一种途径获得生存和再生的，事件景观附着在作为载体的物质景观上，共同传达给不同时代的观赏者，这就形成了景观的纪念过程。

纪念性景观将导致严肃感、神秘感、紧张感、意外感、历史感、永恒感和寂寥感的产生，其著名实例有土耳其内姆鲁特山国王陵、卡尼

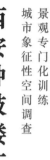

景观专门化训练
城市象征性空间调查

西安钟鼓楼广场

区域与空间意象

朱海和

壹

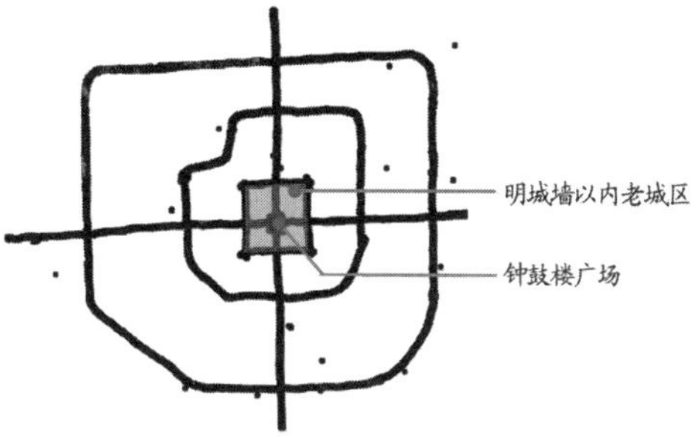

在西安城市的核心，明城墙围合了十三朝古都，而这皇城的中央，即是钟鼓楼广场：既见证了城市的历史变迁，又向今天讲述着民族文化的传承，更是现代城市个性的集中。

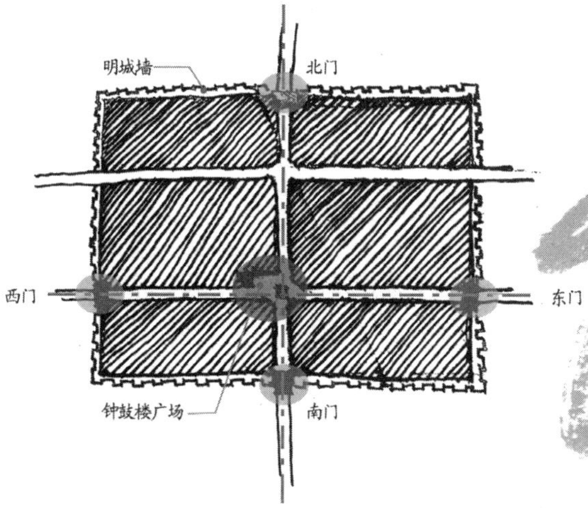

西安的古都意象集中地体现在明城墙以内的老皇城中，也是今天西安的中心市区。诸城门以及城内主要空间格局得以完好保存。上图可见城内建筑与主要开放空间的图底关系，同时也表达出老城内城市的空间结构。东西、南北两条主轴线次第排列着东西南北四条大街，东大街和南大街自盛唐起便是市井繁华之地，西大街保留了传统的回民区，北大街通往火车站和省政府广场，四条大街描述了西安的城市生活，而此四个方向城市生活的交汇处，正是钟鼓楼广场。

城墙、城门、东西南北大街、钟鼓楼构成了西安的古都意象，假设一下，在四条大街的交汇处，如果没有钟鼓楼，西安还是西安吗？

图 4-5　象征性空间设计例图（一）

景观专门化训练
城市象征性空间调查

西安钟鼓楼广场

空间象征性分析与表达

朱海和

贰

鼓楼脚下人们的活动好像没有得到环境足够的支持。问题似乎出在地面的划分上：对诸如交谈和通行等行为的关系处理，广场显得还可深入。

钟楼及下沉广场的关系表现出较好的和谐性：阶梯上的人们可观赏下沉广场内的活动，同时下沉广场又提供了一个展现钟楼英姿的优良视角。因而这里聚集了较多的市民。

如果没有钟鼓楼，西安古城纵横两条轴线的交汇处便与城市其他交叉口一样，甚至与其他城市的交叉口并无太大差别，城市的识别性将无从谈起，更无法论及西安的文化特色。

然而正是这样一个城市的交叉口，当矗立了钟鼓楼之后，空间便因此得以活化：地方特色与古都气韵在城门城墙的铺垫之余更予显现。

钟楼与鼓楼，是这个空间中最重要的景观要素。

对钟鼓楼景观空间象征性的再表达：作者尝试用毛笔以一种写意的方式符号化地概括出钟鼓楼空间的特质，即代表着中国传统文化的古都城市空间。

图4-5　象征性空间设计例图（二）

克史前巨石阵列、太平洋复活岛的巨石雕像群、英国塞尔特人的白马地画、英国威尔特郡的史前石环、日本严岛神社鸟居、中国乾陵石象生、卡纳克的阿蒙神庙、印尼的婆罗浮屠、美国圣路易拱门等。

（2）教学目标

· 项目的产生

分析基地的景观特性和潜力，特别是寻找功能性和情感性的影响因素。安排建筑景观要素的特征符号。

想象和提供一种机会，去创造临时的景观设置，满足这里可能发生的特殊事件。一些要素通过事件可以转化为城市的家具或物件。

· 室外空间设计

包含项目基地与环境的关系和土地景观特质分析两个方面。

· 项目程序与阶段。

背景分析。

· 表达的意义

（a）视野景象。

（b）剖面。

（c）象征意义。

· 观念的意义

基地背景，基地及项目物件之间的关系的象征，以及内向与外向的界定。

（3）成果要求

寻找一处特殊的空间和游线，创造符合场地景观和纪念性事件的图形符号和展示特征。创造纪念性的标志和地标，用来提示和表达。

分为两个阶段：

第一阶段：分析基地的景观特征及潜力，特别是寻找功能性和情感性的影响因素。安排

建筑景观要素的象征符号。

想象和提供一种机会去创造临时的景观设施，满足这里可能发生的特殊事件，某些变动在事件后仍旧存在，成为城市家具或城市设施。

第二阶段：设计空间。功能性的景观计划，要包括创造纪念性的标志和地标（用来提示和表达），创造一种特殊的空间组织和游线安排（符合场地景观和纪念性事件的图形符号和展示特征）。

成果图，包括空间在城市中的区位分析图、现状分析图、纪念性意义评析图、标志设计图、事件策划图、事件与空间结合设计图、必要的其他图示与说明。

（4）教学建议

基地建议：西安南城门是具有纪念性品质的场所。虽然近年来西安的城墙似乎一直未变，但围绕在她身边的城市却在不断变化，现在的结果是南城门在这城市的中心位置唱上了独角戏。应该在这现存空间中创造一个特殊事件，留住或唤起人们对这里的历史记忆，使城门回归原本的城市象征状态。

授课内容：景观文化的定义；项目的程序——策划；项目的程序——框架草图（功能空间）；世界景观文化史；城市中的历史文化遗产。

（5）作业评析

该作业针对西安南门广场进行了纪念性空间感受分析，以图文并茂的方式展现了一组不同视距下，同一对象的不同视觉效果，并进行了相关心理感受的比对分析。在纪念性景观设计中有明确的设计主题和立意，图纸表达较为生动，能较好地反映出设计对象的象征性精神（图4-6）。

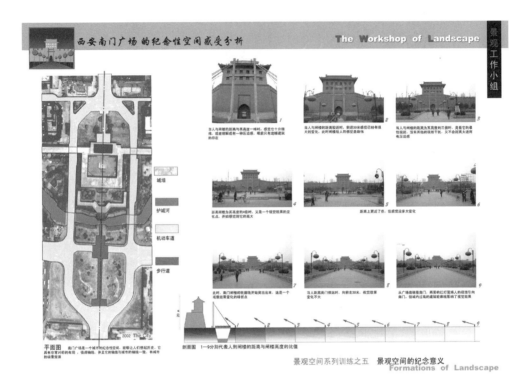

图4-6 纪念性空间设计例图

附录：景观现场调研与测绘（西安南门广场）

·调研准备：

撰写调研提纲，明确调研目标与方法；图纸的准备及一定的案头工作；测绘工具的准备；路线及时间安排。

·现场工作：

个人或分组；记录的方法及个人的风格；选择不同的观察点；当地人的调研。

·空间注记法：

将各种感受（包括人的活动、建筑细部等）使用记录的手段诉诸图面、照片和文字；无控制的注记观察（不预定地点、目标）；有控制的注记观察（在给定地点、目标、视点进行周期性的观察和抽样分析）；部分控制的注记观察。

·明确纪念性建筑的主题思想和满足纪念性活动需要的条件（项目产生的机遇／路线设计／视觉设计）。

6）境地空间

（1）题目解说

训练主题：对具有时代神圣价值意义及感知特征的场所和空间的分析与保护，提出问题，概念性的设计构思。

基本概念：神圣并不一定与宗教有关，它也可以是一个社会价值观中最重要的东西，例如我们当今的社会中，生态保护就具有神圣的意义。

珍贵的概念源于我们周围环境中的那些迥然不同的事物，它们帮助我们立足于世界。如果某处被普通的事物充满，而且他们毫无差别，这是很难让人记住的。这倒并不是说处处都必须有一个不一般的物体，普通的事物也能给人们珍贵的象征，使得场所具有特征和品格。通过这种处理，他们能够具有独一无二的特征并成为标志。

亲近的意思是使你感到安全和感觉舒适，使人们不受客观物体对精神的侵扰。它也意味着你的身体和你的精神足够的舒适，让你的心灵得以开放。亲切的感受并不需要与世界分离，但简单地讲，它可使你片刻与客观世界保持距离，甚至忽视客观环境的存在。

（2）教学目标

·外部空间的设计。

·边界与内涵。

·显著要素与普通要素。

·非常大与非常小的关系。

·印象的意义。

·概念的意义。

·过渡和门槛。

·对比。

·象征性的比例和组织关系。

·片断对整体的表达。

（3）成果要求。

要求：理解人类的尺度以及由于尺度带来的场所与精神之间的关系；理解边界限定、过渡和"门槛"的意义，内部与外部的意义；根据自然与艺术的基本概念，探索人类文化与景观的关系，探索小和大的概念。

第一阶段：分析景观背景。

寻找一个具有象征意义的被保护的场所——我们称之为"境地"。

寻找可被置于境地中的象征物，使得它能够表达环境的精神，如一个特殊的事物（现在的或历史上的），或一个特殊的视点（文化上的或物质上的）。

第二阶段：设计一个境地空间、道路和入口。

寻找一个名词或句子能够表达这块境地。

最后为境地创造一个符号：自然和艺术，

特殊的规则，特殊的声音等。

（4）教学建议

基地建议：在一个大的空间内，如公园或村镇，尤其是在随意一个拥挤、嘈杂的位置，选一块地方，设立一个象征性的、退隐世外的保护地——我们称之为"圣地"。在分析环境之后，让学生在境地空间中圈出一个象征性的事物，设计这一境地空间并设计通向境地空间的路和境地空间的入口。

然后，让他们为这一境地空间设计一个名称和一个句子。

最后，让他们为这一境地空间设计一个标志或寻找一个标志，自然、艺术的纪念物，特殊的规则，特殊工具、声响等都可以作为标志。

讲课内容：理解人的尺度以及由于尺度带来的场所与精神之间的关系。

理解边界限定、过渡和"门槛"的意义，内部与外部的意义；根据自然与艺术基本的概念，探索人类文化与景观的关系；探索小和大的概念；空间中人类的行为；项目的程序：框架草图（情感空间和景观特征）；世界景观文化史。

学习建议

如下这些地方可称为"境地"：一座庙宇、一个纪念碑、一座祠堂、一个"天然的庙宇"。但这些地方应力图让参观者感受到不同。训练的目标是让学生理解空间及其特征是如何影响人们的精神和思维的。

（5）作业评析

见图4-7，该方案很好地展示了西岳庙所具有的时代神圣价值所在，在历史渊源分析、空间视线分析、地段－水文－植被分析、建筑物与道路分析、景观格局分析等综合分析的基

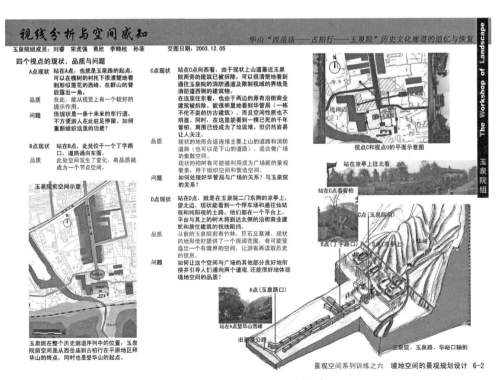

图4-7　境地空间设计例图（一）

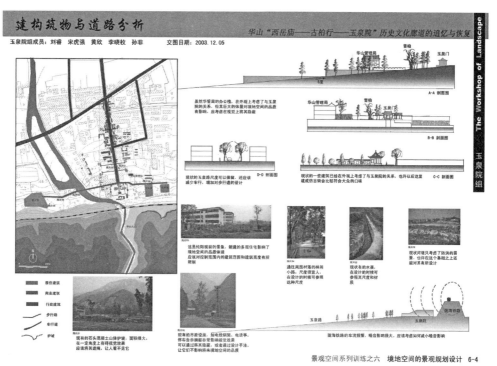

图 4-7　境地空间设计例图（二）

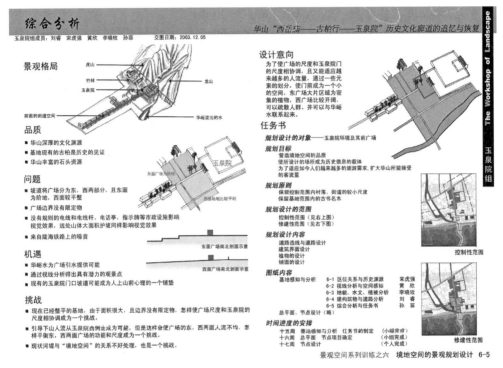

图 4-7　境地空间设计例图（三）

础上，提出了其机遇与挑战，很好地贯彻了景观项目提出的一般程序。其次，设计对探索人类文化在景观中的意义，人类的尺度，尺度带来的场所与精神之间的关系，理解边界限定、过渡和"门槛"的意义，探索小和大的概念，空间中人类的行为等各方面均有所涉及。

4.2.2　场所中的场景

1）题目解说

通过对场所中的场景的构思训练，了解小尺度外部空间环境设计的基本知识、原理和步骤程序；掌握风景园林空间设计和设计构思的基本方法和表达方式；理解一种设计思维理念。

以场所场景为训练目标，贯穿整个课程设计，通过场景写生—场所认知（测绘、观察）—方案构思—方案设计四个阶段的训练，学习一种设计课程的思维理念和小尺度设计的程序，再通过"融合环境空间的小品建筑设计"对四个阶段的训练环节进行综合实践整合，完成训练目标。

2）基本知识

外部空间：外部空间是从在自然中限定自然开始的，是在自然当中由框框所划定的空间，与无限伸展的自然是不同的。外部空间是由人创造的有目的外部环境，是比自然更有意义的空间，也有人称其为"没有屋顶的建筑"。

场景（Scenes）：行为空间中的景象，包含时间和空间，随着时间的变化而改变。

场地（Site）：行为空间的先行条件，有一定的边界，每个场地都有其自身特别的品质。

场所（Place）：行为空间，活动发生地。

景物（Scenery）：构成场景的要素。

单一场景：场景具有一定的完整性。

复杂场景：围绕主题概念进行多个场景的组合，营造不同氛围的空间环境。

空间序列：空间组合秩序和人的活动流线之间的关系。空间以人为中心，人在空间中处于运动状态，并在运动中感受、体验空间的存在，空间序列设计就是处理空间的动态关系。

序列场景：空间的景象感知与人的动线之间的关系。

3）设计训练

（1）场景写生

从真实环境（唐慈恩寺遗址公园、兴庆公园）中寻找小尺度的、完整的场景场所案例两个，进行场景写生。场景中需要包含建筑或人工构筑物、人的行为活动以及场景要素。

简化提取后的场景应具有明确的表达主题。

图纸中可运用蒙太奇的表达手法，进行透视图、效果图的剪辑，同时，附带平面图和相应的文字说明（说明中需交代场景中人的活动内容、发生地点，场所边界、大小、形态、构成要素等，同时要对场景进行一定的表述，体现时间、地点、天气状况的特征）。

（2）场所场景认知

了解二维图纸对不同尺度三维空间的表达方式，理解景观图纸表达的作用及其不同深度图纸内容的表达方式。通过学习制图规范，了解各种外部空间要素的图例图示和线型的表达，理解不同比例图纸表达的深度以及相关的构图形式。

了解景观测绘的常用工具及方法，体会图纸与三维环境空间之间的相互对应，同时掌握以简单工具进行环境测绘的方法。在唐慈恩寺遗址公园中任选一处进行简单工具的环境测绘，要求包含外部空间几大要素，同时选取其中一处场所，进行仔细观察，记录人对场所的使用方式，分析场所场景是如何形成的。

（3）单一场景设计

在唐慈恩寺遗址公园（原曲江春晓园）测绘地块中，寻找有趣的场所进行场所场景设计（站点和观景点）。场景构思以现状为主，可选择合适的视点进行观察，结合主题对组景要素进行少量增减。场所设计需在以下所给的四种场所类型中选择其一，运用外部空间要素进行站点或观景点的空间限定。

设计范围自定，需考虑行为与场所的尺度关系。场所空间需与环境相协调，并成为观察的视觉要素，通过透视图来展示观景点所观赏到的景象，加以文字说明，在平面图上标注视点、视线方向和视线夹角。

眺望点：在园区内选择一处能够俯瞰周围景色的制高点，明确主景面，进行观景点设计。能够提供遮阴，满足游人观景、休息的需求。同时，场所本身能够成为环境中的视觉焦点，形成看与被看的关系。

入口区：能够导引游人的行为秩序，利用入口形成框景，同时需满足游人停留、等待的功能需求。

水边：水景为主，有明确的主景方向，能够提供遮阴，满足游人亲水、喂鱼、停留赏景、喝茶小憩的需求。

林中：构思明确的观景、活动主题。满足游人休憩、聚餐、赏景体验等活动需求。

（4）复杂场景设计

在唐慈恩寺遗址公园（原曲江春晓园）测绘地块中，通过观察现有的或者潜在的步行路径，结合多场景的构思主题进行设计，在场所之间建立连接，形成序列。通过路径的体验感受各空间场景的变化，满足游人休闲赏景的功能需求，需要与周边的环境相协调。

·通过照片、文字和分析图，说明路径设计的位置和意义，说明如何使人们整体连续地体验景观情境。

·用平面图表达道路空间的构成及其序列的形成，注意各种景观要素的功能作用和表达，说明路径设计与人的行为和心理因素之间的关系。

·分析设计的路径在场地中的比例、尺度和整体感，通过剖面进行视线分析，满足人的视觉感受，反映场地特征。

·道路的细部设计和工程做法需和周围的环境以及场景的构思立意相吻合。

·序列中的场景不少于四个，且彼此之间保证一定的逻辑关系。

4）设计题目：融合环境空间的小品建筑设计——风景中的书吧

内容要求：

·室内外空间相互融合的以"书吧"为主题的读书、交流与休闲的校园活动空间。

·由设计者安排各项活动内容及其场地空间和服务设施，其中，书吧及其附属场地空间需集中设置，外围的场地空间可结合环境、场景、功能的需求进行设置。

·设计内容包括建筑内部和外部的空间划分，休憩场地、户外平台、家具设施、艺术小品等内容的布置，形成一个环境和建筑相融合的主题书吧。

·风景主题立意需要结合周围环境，体现场景特征，适宜读书活动。

面积要求：小品建筑面积约70～80平方米，小品建筑附属的户外活动场地面积约100～120平方米，场地总面积约5000平方米。

功能要求：满足读书、沙龙等活动，书刊的陈列和存放以及简单冷餐、冷饮的备餐、储藏需求。保证各部分功能的相对独立性和相互

联系的便捷性，同时考虑户外场地活动对季节和天气变化的适应性。

书吧建筑的结构、形式、材料不限，但需要统一协调，特点明确突出。

5）作业评析

点评要点：设计构思；如何反映课程的基本原理，满足任务书的要求；图纸表达（图4-8）。

学生作业评析：该方案主题立意明确，场景设计能够结合现状场地的特征，进行故事构思，具有一定的可实施性和趣味性。同时，场所设计依托场景构思，充分运用外部空间要素进行营造。图纸表达较为生动，能够突出一定的场景特征。

推荐读物

[1] 王晓俊. 风景园林设计 [M]. 南京：江苏科技出版社，2009.

[2] （美）诺曼·K·布思. 风景园林设计要素 [M]. 曹礼昆，曹德鲲译. 孟兆祯校. 北京：中国林业出版社，2007.

[3] （美）格兰特·W·里德. 园林景观设计：从概念到形式 [M]. 郑淮兵译. 北京：中国建筑工业出版社，2010.

[4] 芦原义信. 外部空间设计 [M]. 尹培桐译. 北京：中国建筑工业出版社，1985.

[5] 卡伦. 简明城镇景观设计 [M]. 王珏译. 北京：中国建筑工业出版社，2009.

[6] 查尔斯·莫尔，威廉·米歇尔，威廉·图布尔. 看风景 [M]. 李斯译. 哈尔滨：北方文艺出版社，2012.

[7] 鲍家声. 建筑设计教程 [M]. 北京：中国建筑工业出版社，2009.

[8] 沈福煦. 建筑方案设计 [M]. 上海：同济大学出版社，1999.

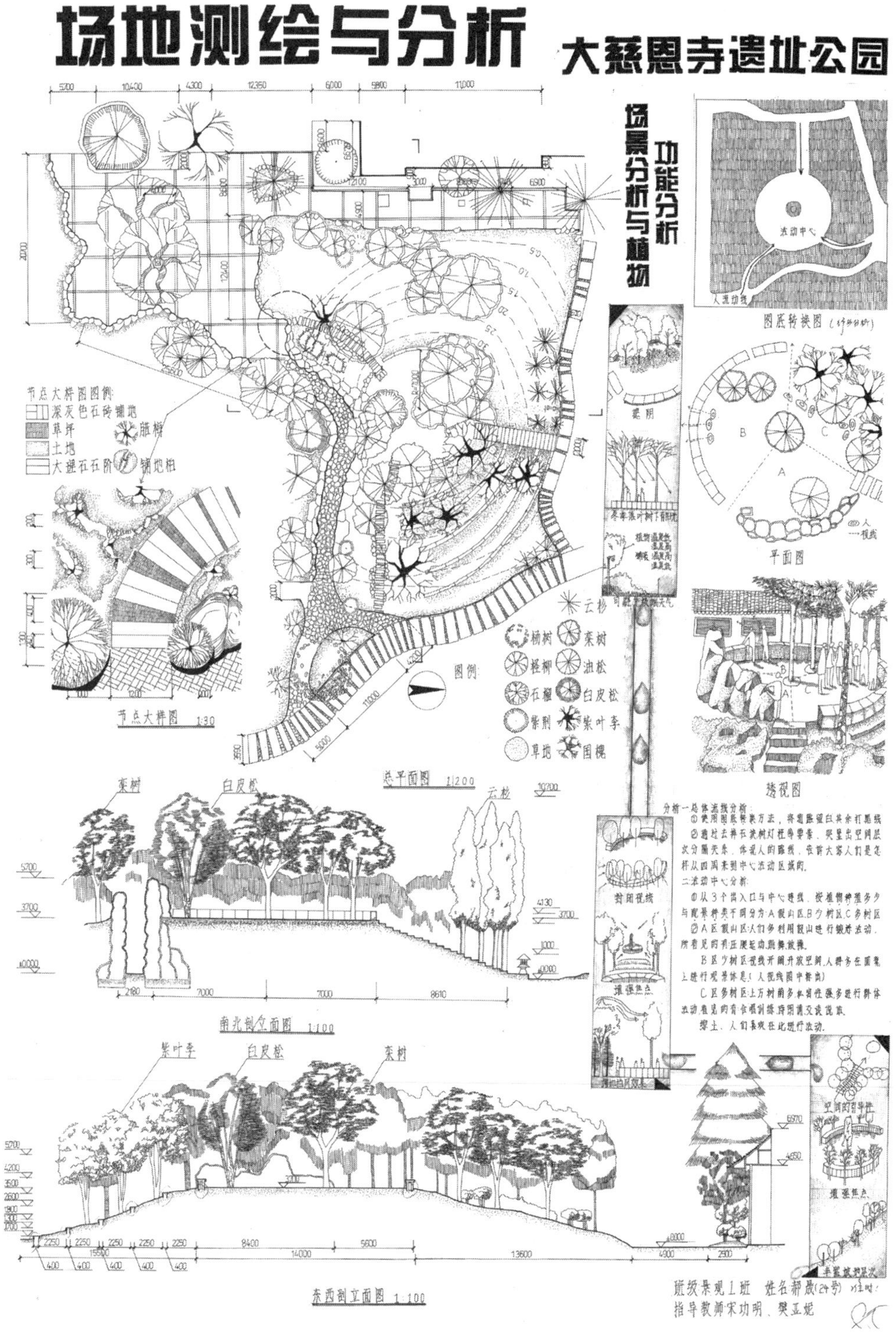

图 4-8　场所与场境设计例图（一）

区位图 1:1500

视线分析图 1:700

看↑
被看→

场所场景设计　夏·私语

班级：景观 1101　姓名：黄莹　学号：110130129　指导教师：宋功明 樊亚妮　日期：2012.10

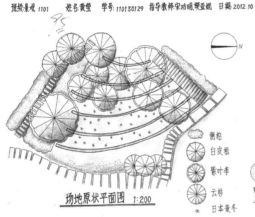

场地原状平面图 1:200

侧柏
白皮松
紫叶李
云杉
日本麦冬

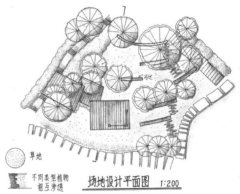

草地

不同类型植物相互渗透

场地设计平面图 1:200

鸟瞰图

1950
±0.000

场地设计剖面图 1:200

设计说明：
　　原场地是一个人不能进入的种植台，通过改造设计，加入观景台、木质座椅、石板小径等元素，并增减了少量树木，营造出一个能够提供遮雨、观景、休憩的场所，同时场所本身成为环境中的视觉焦点，形成看与被看的关系。夏天是此场所的最佳活动季节，人、昆虫、花草在此场所中亲密无间，如私语般对语。

图 4-8　场所与场境设计例图（二）

4.2.3 基于感知的城市景观设计

1）题目解说

题目："感性之旅：流动与感知下的创新城市设计"（Sensible Tour - Xi'an: Mobility and Perception with Innovative urban design）。本课题来自于法国动态城市基金会（IVM）的合作研究课题"Sensible Tour - Xi'an"。通过运动穿越城市是最基本的认知城市的方式，现代化的交通模式更提供了多样的认知可能。一般游客的认知会停留在不同层次的重要原因是在城市中所采用的交通工具不同，而获取的信息量也不同；同样，城市规划过程中对人的感知方式考虑不足会降低城市空间质量。尽管理性的城市交通和感性的感知模式是两个不同范畴的因素，但两者之间存在着紧密的联系。因此，本项目希望通过研究城市中的交通模式和城市感知方式的关系，为城市规划和设计提供一个独特的观察和实践角度。

2）教学目标

课题研究梳理构成西安城市特色的历史文化、人文特色和自然风貌特色展示的地点和角度，调查公众认知程度和游览方式，通过"Sensible Tour-Xi'an"的项目策划和城市设计，使西安城市特色得以展示。

（1）运用社会调查方法，了解西安目前的游览活动内容与旅行交通方式的关系。

（2）寻找、调查、提取代表西安不同历史文化特点、人文活动和自然风貌的建筑、街区、地貌空间等有意义的地点。

（3）利用现有或具有发展潜力的通行条件，如步行、自行车、地铁及各种公交系统，设计展示西安城市特色的路线，设计旅行活动内容和方式，完成一个"Sensible Tour"设计。

（4）了解研究与设计过程的关系，制定任务书与选择基地，完成与主题相关的空间形态设计。

3）成果要求

（1）现状调查与分析诊断：在研究流动和感知两个概念与城市之间的关系的基础上，教师指导同学建立整体的Sensible Tour的模型，梳理相关评价因素和影响因素；在研究工作方式方面，学习建立一种工具箱（Toolkit，对理论模型的描述系统，说明系统中各要素的特点及其相互作用关系），在后期的规划设计中，根据基地的具体情况，组合不同工具（系统中的各要素）展开规划设计。本部分成果除了作为整体规划工作的理论基础外，还作为下一阶段的工作基础和依据。本阶段的工作主要在于培养学生基本的规划研究和分析能力，在教师的指导下完成一定的理论建模工作。

（2）District & Program：三人合作完成城市片区层面的概念性设计。要求学生在前期研究的基础上，自行选择若干感兴趣的基地进行分析和研究，并在这些基地中选出最终的工作基地，并使用前期的理论模型，按照基地的具体情况，使用Toolkit工具，以基地为案例，进行规划设计以检校和优化前期所建立的理论模型。在本阶段中，学生需要分组合作，提出规划总体构思方案。在第一阶段的分析的基础上，确定规划设计目标与原则，展开片区规划构思，完成道路交通、分区、绿化、建筑等各系统的规划构成。

（3）Site planning & Design：基地规划设计。在整体规划构思的基础上，个人选取并完成不小于5公顷、相对独立的重点地段展开详细规划设计，达到修建性详细规划设计深度，并满足城市设计的空间设计要求。该部分作为本次毕业设计的重要内容。

（4）前期研究和调研成果（小组成员共同

完成）：① Mobility & Perception 相关理论研究和整理；②西安城市研究（城市规划、历史、各类资源、城市交通、城市旅游，范围是西安城市三环内部）；③资源库的建立（整理西安市相关数据，形成城市内部旅游资源的数据库）；④理论模型与 Toolkit 的说明文字。

（5）规划设计图纸内容 [每人完成的图纸合计为 7 张 A1 图纸（不允许增加或减少），其中个人独立完成的图纸至少为 5 张 A1]，包括：前期研究成果（1 张，共同成果）；各组的规划概念生成过程以及 Toolkit（1 张，各组共同成果）；前期分析与本次规划的主题的提出（1 张，个人成果）；总体概念性规划，相关图纸、文字及分析示意图（1 张，个人成果）；重点区详细规划设计，相关图纸文字及分析示意图，总平面比例尺深度不小于 1:1000（2 张，个人成

果）；节点详细设计，相关图纸文字及分析示意图（1 张，个人成果）；规划设计说明不少于 0.5 万字，另附相关外文翻译 1 篇。

4）教学建议

教师选择一个历史沉淀的城市，例如古都西安。她有十三朝建都史，沉淀着三千年的传统历史文化；她有近代革命历史留下的痕迹；她代表着新中国自第一次城市总体规划以来城市格局的演变。近年在经济快速发展中，历史城市保护与再现的诉求给这座城市留下了明显的痕迹，并尝试着新的城市发展模式。

5）作业评析（图 4-9）

该作业以人通过步行、骑自行车、乘坐公交或地铁等交通媒介为前提，以感知西安特定主题游线上的城市特色为目的，较合理地选择了适合于用时一天之内的城市片区旅游线。进

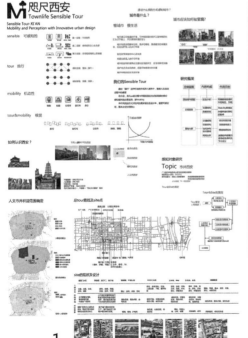

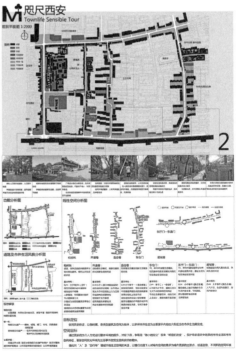

图 4-9　城市景观设计例图（一）

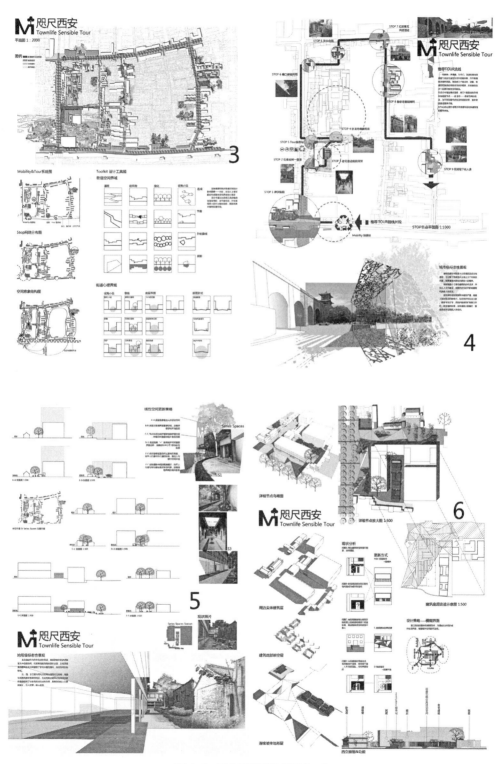

图 4-9 城市景观设计例图（二）

图 4-9 城市景观设计例图（三）

而确定了该游线上能够承载具体活动、能够感知到附近代表西安城市特色的标志性景观的场地，并对这些不同空间类型的场地进行了改造式、提升式的景观设计。最终较为有效的达到使人们自主的、顺畅的、怡情的感知西安咫尺之间的历史画景、街道风景、生活场景和文化意境的设计目标（图 4-9）。

4.3 场地中的生境选题与设计训练

4.3.1 雨水利用与景观工程设计

1）题目解说

雨水利用（Rainwater Use）：一般指对天然降水进行收集、储存并加以利用的人工方式和措施。本题通过对降雨与降水量、溢流与径流、雨水渗透和雨水收集、雨水链等基础知识的了解，理解雨水利用的基本原理和模式，掌握基于雨水利用原理和模式的场地设计方法和技术措施，建立对场地雨洪管理（Rainstorm Management）概念与知识的初步认知，进一步拓展对可持续性景观的理解与认识。

本设计训练选取某公园为总体范围，按照

景观项目的工作程序，组织现状景观认知，通过对公园内现状场地雨水利用情况的总结与分析，由同学自己选取设计基地和对象。结合基础知识的学习与理解，通过场地分析，提出针对基地的雨水利用构思与模式，结合雨水利用的设计原理，完成该公园选定地段场地中的生境设计内容。

2）教学目标

（1）了解雨水利用相关的基础知识；

（2）初步掌握雨水利用的基本原理；

（3）在设计训练中进一步理解和运用雨水利用的基本原理和模式；

（4）掌握结合雨水利用的场地竖向设计、植物种植设计的方法和工程技术措施；

（5）掌握总图与详图的制图方式与表达方法。

3）成果要求

设计成果包括平面图、场地竖向设计图、雨水利用模式分析图、重要节点详图（平面及剖面）、雨水利用植物配置图、种植设计图等。所有图纸均为 A2 图幅图纸。其中：

平面图：图幅 A2，比例 1∶200，标明主要的控制尺寸、控制点的标高、各景观要素等。要求严格区分线型，表达清晰明了。

场地竖向设计图：图幅 A2，比例 1∶200，用等高线法或高程点法表示场地竖向关系。标明设计场地标高、排水坡度、排水方向以及雨水收集口的位置。

雨水利用模式分析：对整个雨水花园的雨水利用模式进行简要的分析和说明。需要明确方案中雨水利用的主要技术措施。

重要节点详图：比例 1∶15~1∶100，以节点详图的方式详细表达重要节点的细节设计及其剖面构造。应包括重要节点平面详图和重要节点剖面详图，以节点详图的方式详细表达重要节点的细节设计及其剖面构造。

雨水利用植物配置：图幅 A2，比例 1∶100~1∶200，结合方案设计，配置适合雨水花园的植物品种。应包括文字说明，对总体设计的构思、技术细节以及图纸未能表达的内容，以文字的方式加以说明。

种植设计图：图幅 A2，比例 1∶200，植物种植的整体组织方式，应包括植物种植分布的平面位置与相互关系、植物种植方式、植物规格等内容。

其他图纸：若上述图纸不能完整表达设计意图和构思，可以根据需要增加设计内容。

4）教学建议

基地范围：建议选择城市已建成区的城市公园、城市绿地或者城市广场等城市公共开放空间。基地范围内应包含具有雨水收集与利用可能性的建筑、道路、停车场等场地、设施，以便学生自行分析、选择设计基地。

授课内容：讲授雨水及雨水利用的基础知识；结合案例讲解雨水利用及雨洪管理的基本原理和模式；讲授雨水链的形成及其过程；结合图纸讲解雨水利用技术及其对应的技术措施与详图表达；景观材料的认知与运用。

分组安排：建议根据基地规模情况，分组进行基地现状调研，小组成员共同完成"景观认知"任务，然后，基于"景观认知"成果，小组各成员分别提出自己的设计基地，进行相应的设计构思，完成各自的设计方案和成果表达。建议个人成果图纸每人不少于 4 张，不多于 7 张。

学习建议：训练的目的是让学生了解雨水利用的相关知识，理解雨水利用的基本原理和模式，并结合设计掌握雨水利用的技术措施。

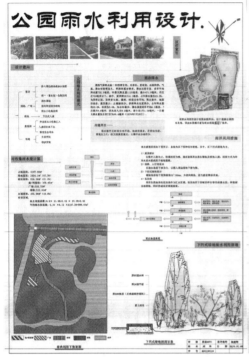

图 4-10　雨水利用与景观工程设计例图

5）作业评析

该作业针对公园中特定地块的竖向特点，提出了具体的雨水利用模式、雨水量计算方法以及本设计中雨水利用的基本原理，从下垫面类型、植被选择、竖向安排等因素着手，将场地设计和雨水利用有机结合起来，综合方案合理，表达清晰（图 4-10）。

4.3.2　基于生境的植物景观设计

1）题目解说

"建筑学院（东楼）建筑入口环境种植设计"着重于小尺度空间中植物生境的营造。具体而言，我们选择在建筑学院（东楼）北入口至西入口之间，道牙至建筑散水之间的范围内进行植物种植设计。要求在此建成环境中运用灌木、地被及攀援植物（包括盆栽）等植物要素进行空间营造，通过种植配置来改善物理环境及美化视觉环境。

2）教学目标

（1）运用西安地区（具体到校园环境，东楼西侧、北侧建筑小环境）适生的灌木、地被、攀援类植物及盆栽的观赏特性，组织建筑入口环境；

（2）考虑建筑内部使用的通风、采光需求，营造良好的外部小气候环境；

（3）考虑植物色彩与形态的艺术搭配以及四季观赏性的营造；

（4）强调两个出入口外部空间环境的使用功能，满足人群活动的空间需要，与建筑物风貌及动线相协调。

3）成果要求

总平面图，比例 1:500，表达内容：设计地块与周边环境的衔接关系；植物种植的整体组织方式。

种植设计平面图，比例 1:100~1:50，表达内容：①建筑室内外关系；②植物种植分布的平面位置关系；③色彩搭配；④与其他要素的关系：建筑内部空间功能，窗、门的位置，踏步、道路和铺地，现状植物；其他设施，如灯具、垃圾箱、道牙等；⑤重要的尺寸标注。

剖面图，表达内容：①所种植植物的高低、枝干形态、质感、色彩等的关系；②与其他要素（建筑立面、踏步、设施）的关系。

效果图，数量 1 张，种植成景效果，表示出植物个体的色彩、形态、体量、基本质地以及设计的组织关系。

说明文字，100～150 字，内容包括：①设计出发点。②对设计要求的各项内容的说明。

种植配置表 / 植物明细，内容包括：①所种植植物种类的具体名称（中文学名和拉丁文名）。②规格尺寸，主要特性，季相特点等。

图纸规格：A2，1 张，墨线线条，色彩方式不限。

4）作业评析

该种植设计（图 4-11（a））首先从考虑、组织和提升东楼入口区域人的行为活动方式入手，形成种植设计的第一层目的；再对基地生境条件（主要为任务书设定所形成基地自然条件中的光照条件和土壤水分条件等）的分析和总结后，选择植物种类（类型）以灌木和草本为主；在此基本条件下进行种植植物种类的具体细节设计，即高度、质感、色彩、季相等的比对、筛选；种植设计最终所选择植物基本符合基地生境条件，同时较好地组织了植物的视觉效果并考虑了对建筑窗、墙、散水等的互相影响；图面表达和设计说明文字简洁清晰，种植植物名录表信息较全面、完整，较好地表达了种植设计的实现和控制方式。整个设计过程和步骤合理明确，并在该基地尺度下，较好地体现了种植的美学和生态作用。

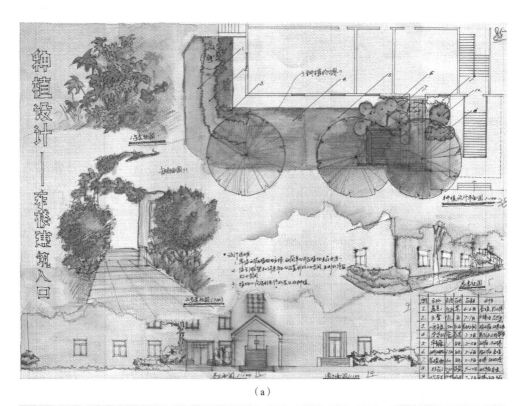

（a）

（b）

图4-11　基于生境的植物景观设计例图

插图目录

第 2 章

灞国家湿地公园修建性详细规划，2012.

图 3-20 （a）榆林沙地林业科技产业园场地地形——彩色等高线表达法；（b）榆林沙地林业科技产业园场地地形 GIS 模型表达法 ；（c）西安浐河河岸渗透的边界场地地形——sketchup 模型表达法

来源：编者自绘.

图 3-21 （a）西安浐灞湿地公园现状地形；（b）西安浐灞湿地公园地形规划图；（c）西安浐灞湿地公园规划地形分区图；（d）西安浐灞湿地公园地形设计图

来源：编者自绘.

图 3-22 雨洪管理形成特殊生境

来源：Nigel Dunnett and Andy Clayden. RAIN GARDENS Managing water in sustainably in the garden and designed landscape[M]. Portland（USA）: Timber Press, Inc. 2007.

图 3-23 某湿地公园人工洼地停车场断面图

来源：西安建大城市规划设计研究院 . 西安浐灞国家湿地公园修建性详细规划·道路及雨水系统规划 . 2012.

图 3-24 生态驳岸剖面示意图

来源：编者自绘.

图 3-25 （a）住宅和商业区典型雨水链示意图；（b）雨水收集示意图

来源：Nigel Dunnett and Andy Clayden. RAIN GARDENS Managing water in sustainably in the garden and designed landscape[M]. Portland（USA）: Timber Press, Inc. 2007: 47, 81, 86, 92, 96, 97.

图 3-26 雨水渗透的铺地示意图

来源：Nigel Dunnett and Andy Clayden. RAIN GARDENS Managing water in sustainably in the garden and designed landscape[M].

Portland（USA）: Timber Press, Inc. 2007: 105, 106.

图 3-27 雨水种植园

来源：Nigel Dunnett and Andy Clayden. RAIN GARDENS Managing water in sustainably in the garden and designed landscape[M]. Portland（USA）: Timber Press, Inc. 2007: 51.

图 3-28 东楼花园平面索引图及平面图

来源：编者自绘.

图 3-29 东楼花园实景照片

来源：编者自绘.

图 3-30 柏林路 88 号案例

来源：Nigel Dunnett and Andy Clayden. RAIN GARDENS Managing water in sustainably in the garden and designed landscape[M]. Portland（USA）: Timber Press, Inc. 2007: 143.

图 3-31 Tanner Springs Park

来源：Nigel Dunnett and Andy Clayden. RAIN GARDENS Managing water in sustainably in the garden and designed landscape[M]. Portland（USA）: Timber Press, Inc. 2007: 118, 120.

图 3-32 场地生境因子分析

来源：西安建筑科技大学 景观学专业二年级"种植设计"学生作业 .

图 3-33 由勒·柯布西耶发展出的一系列模矩尺度（厘米制）（1948）

来源：[美]丹尼斯等著，俞孔坚等译 . 景观设计师便携手册[M].北京:中国建筑工业出版社，2002.

图 3-34 不同活动姿势的人体尺度

来源：[美]丹尼斯等著，俞孔坚等译 . 景观设计师便携手册[M].北京:中国建筑工业出版社，2002: 34.

基本概念与术语

1）景观 p3, p4, p5, p6, p7

"景观"一词源于 14 世纪欧洲，作为对局部大地的表达，它描绘出一幅崭新的画面。词语本身来自于盎格鲁撒克逊语（Anglo-Saxon），意大利方言 Paese，原本是用来对"局部大地"的命名。法语中景观一词为 Paysage，将国土的概念与景观一词融合起来，意味着"一个整体领土的概念"。辞典给出了一个定义："景观是一个观察者对于一块土地的感知。"在《辞海》中，对"景"的解释主要是：景色、景致（与风景、景象意近）；现象情况（景况、情景）。"观"的解释主要是：看（观看）；对事物的看法或态度（人生观）；景象（奇观）；游览（观光）。"景观"一词，其实可以有两种解释，一为"大地景象"，也可以为"对大地景象的认知及对其表达"。

2）景观学

以景观为研究对象的学科，可以看作是风景园林学科的另一个称谓。

3）景观设计 p20

应用景观学的基本知识与原理进行的设计。景观设计是为了提高人类的生活环境品质，它包含文化与自然两个方面的内涵。

4）景观认知 p4

景观主体对具体的、客观的景观对象的感知与认识，也称"景观感知"。由于在景观主体（观察者）与景观客体（对象）之间，存在一种距离和一系列的知识与文化方面的滤网，不同的观察者对同一客观对象的感知与认识是不同的。

5）景观理念 p5

一般意义上指对于景观、景观设计、景观学科等所持有的观念和看法，也可称为"风景园林观"、"景观观"等。本书中特指景观主体（观察者）对于具体景观客体（对象）所持有的观念和看法，是土地与空间的实体部分被人们在特定的角度所看到，再通过个体化的感知和表达形成的人的主观化理解。

6）景观表达 p4

景观认知、调查、设计等所得的结果用各种媒介反映出来的一种行为过程。景观表达是以交流、传播为目的，以专业信息为内容，以各种视角或其他感官语言为主要工具，以他者为接收对象的。

7）景观文化 p6, p7

现实景象与人类有意识的感知与表达所形成的文化活动。

8）景观诊断 p42

景观阅读的综合结论，表达对目标土地与空间的景观品质、现状问题和将会面临的问题、动因、潜力方面的评价。

9）景观要素 p12

构成景观系统的实体要素，如石头、树木、房屋、构筑物等。

10）景观单元 p12

构成景观空间系统的基本单位，如一块农田，一个村庄，一片树林等。

11）景观格局 p14

不同景观单元的空间分布关系，即不同大小、形状、数量、类型的景观单元在土地空间上的分布与组织。

12）景观调查 p10, p165

围绕景观对象，运用科学的调研方法，通过有组织、有计划地搜集、整理和分析资料以及细致深入的现场考察，达到认识和理解景观对象的目的。

13）景观意义

景观的价值与作用。粗略地说，景观具有三大价值领域，即环境价值（生态与环境伦理）、美学价值（艺术与美学愉悦）及社会价值（人类与社会需求）。相应地，景观可分为单一意义的景观（一价的景观）和多种意义的景观（多价的景观）。

14）景观项目 p46

有狭义和广义之分。狭义的景观项目是指景观建设工程的门类，对应于我们日常所说的具体景观建设项目；广义的景观项目是指景观建设工程从策划、项目提出到项目立项再到项目规划设计以及项目实施的程序和方法，是一个过程，是项目决策者和参与者意愿、观点或行动的综合体现。

15）项目类型 p50

景观项目的不同种类。不同的分类标准会产生不同的项目类型，结合教学的需要，我们采用了两种分类的标准：一种是按照建设项目的规模来分类，另一种是按照建设项目的属性来分类。

16）项目任务书 p63

设计项目委托方给被委托方下达具体设计任务的一种文件。

17）景观项目程序 p75

景观项目进行的先后次序。景观项目的整个过程可分为两大阶段：第一阶段为项目提出阶段，也就是项目意愿或者是目标的提出阶段；第二阶段为项目的实现阶段，也就是项目意愿的赋形阶段。两个阶段里包含各自特定的工作内容、程序、方法和目标。

18）文化优先与自然优先 p50

景观项目是以合理处理"人与自然"两者的关系作为设计目标的。在公园等的城市类项目中，首先是考虑人（市民）的使用，此即"文化优先"；而在风景区等自然类项目中，首先考虑的是对自然生态的保护，此即"自然优先"。

19）景观空间 p113

内涵主要包括广义的理念和狭义的表现两个层面。广义的理念，包括生活内涵和生态内涵。生活内涵是指景观空间营造中，要体现人本思想，以不断提高生态文明时代下人的生活品质为目标。生态内涵是指改善人类的生活，还要对人类生存的生境同样关注，人类生境的维护和改善，是奠定在生态平衡的基础上的，因此生态技术审美观念的转变更为迫切。景观空间，狭义的理解是 2011 年中国风景园林一级学科成立前流行于市场上的普遍理解，即辅助建筑建成后的外环境装饰或单纯的种植设计，局限在于未能将建筑作为景观空间的设计与表达要素整体理解。

20）空间尺度 P148

场地与周边围合物的尺度匹配关系，场地与人的观赏、行为活动与使用的尺度配合关系。

21）场所 p117

一般意义上的场所是人活动的处所，建筑学意义的场所是指行为发生的空间，强调场所是有人的行为活动发生的具有特质品质的空间。

22）场景 p119

由景象要素和人的活动所构成的具有画面感、情景性的场所。

23）场地 p128

一般意义上的场地指即将建设的施工工程群体所在地。本书中场地的概念相当于设计基地，是地形、水文、土壤、植被等自然因子和已有人工构筑所构成的地表。

24）生境 p130

生态因子的综合称为生态环境，简称"生境"。

25）站点 p121

场所中供人停留的地方，本书中特指人在步行过程中愿意驻足的停留空间。站点有三个特征：一是处于外部空间，二是具有某种功能，三是有一定的空间范围。

26）观景点 p122

能够观看景点、景物、景象的特殊站点空间。观景点通常是特定空间具有特殊位置的地点，能够充分观察对象及其环境的各种特征，如环境中的制高点。在平坦地形上，可以通过空间的开合，或者设置高台形成观景楼或观景台。

27）道路

起联系、引导及廊道作用的线形景观空间，也称"路径"。

28）象征性空间 p126

具有象征性意义的景观空间。象征是用具体的事物表现某种抽象概念及其特殊意义，象征性空间设计是通过具体的设计元素来表现一种集体意识及其特殊意义。这种设计元素可以是具体形象，也可以是特殊的事件和行为，还可以是特殊的声音和气味等。

29）纪念性空间 p126

具有纪念性意义的景观空间。纪念具有"思念不忘"和"举行纪念性庆祝活动"的意思，可以简单解释为"为了留住或唤起某种记忆的特殊事物"。纪念作为一种人类行为，通过物质性的建造或精神性的延续，或者二者的结合等手段达到回忆与承传历史的目标。纪念性景观就成为了人类纪念行为或纪念本能的主要途径。

30）境地空间 p127

具有特殊意境的景观空间。意境是通过形象刻画表现出来的境界和情调。境地空间是运用景观手段所营造出的某种超自然、精神性、宗教感、神圣化的特殊空间。

31）蒙太奇 p121

法语 Montage 的音译。原为建筑学术语，意为构成、装配，后用于三种艺术领域，可解释为有意涵的时空人地拼贴剪辑手法。

32）竖向规划 p134

为了满足道路交通、地面排水、建筑布置和园林景观等各方面的综合要求，对自然地形进行综合改造、利用，通过确定坡度、控制高程和平衡土石方等技术手段进行的规划设计。

33）竖向设计 p135

场地设计中一个重要的有机组成部分，提出包括高程、坡度、朝向、排水方式等内容的设计方案，确定场

地的排水方式，保证工程的安全要求，改善环境小气候以及游人的审美要求等。

34）生境营造 p130

通过人为实体空间设计，如通过地形塑造、水文条件、道路、建筑与构筑物及其他设施的设计，影响植物生长的水、光、热、养分等生态因子，营造植物及群落生长演替的环境条件，营造展示自然内在秩序的空间组织，为物种提供适宜的生长演替空间。通过人工生境空间营造，满足具有视觉审美和生态意义的活动场所的需求。

35）雨水花园 p138

充分利用自然降水过程营造的花园，也称"雨洪花园"。

36）雨水链 p138

雨水从降落、排走、收集储存至利用的过程以及这个过程产生的影响。

37）植物群落 p144

单种植物或多种植物的复杂集合体。但不是所有的植物集合体都可以称为植物群落，只有经过一定的发展过程（也就是选择过程），有一定的"外貌"，有一定的植物种类的配合（叫"种类成分"）和一定的"结构"的植物集合体才称为植物群落。

38）外部空间 p113

通过人工手段在自然空间中限定的人工室外空间。与无限伸展的自然空间不同，外部空间是由人创造的有目的外部环境，是比自然更有意义的空间，也有人称其为"没有屋顶的建筑"。

39）简单景观空间

尺度较小、考虑因素相对较少的单一意义的景观空间。

40）复杂景观空间

尺度较大、考虑因素相对较多的多种意义的景观空间。

参考文献

[1] 邱建．景观设计初步 [M]．北京：中国建筑工业出版社，2010.

[2] 俞孔坚．景观：文化、生态与感知 [M]．北京：科学出版社，1998.

[3] 俞孔坚．景观的含义 [J]．时代建筑，2002，40（1）：14-17.

[4] 陈传康，伍光和，李昌文．综合自然地理学 [M]．北京：高等教育出版社，2002:79.

[5] 王向荣，林菁．自然的含义 [J]．中国园林，2007：（1）：6-17.

[6] 李晓冬，杨江善．中国空间 [M]．北京：中国建筑工业出版社,2007.

[7] （美）Geoffrey and Susan Jellicoe．图解人类景观——环境塑造史论 [M]．刘滨谊译．上海：同济大学出版社，2006.

[8] （美）米歇尔·劳瑞．景观设计学概论 [M]．张丹译．天津：天津大学出版社，2012.

[9] 李和平，李浩．城市规划社会调查方法 [M]．北京：中国建筑工业出版社，2004:331.

[10] 李津逵，李迪华．对土地与社会的观察与思考——"景观社会学"教学案例 [M]．北京：高等教育出版社．2008:265.

[11] 冯纪忠．意境与空间：论规划与设计 [M]．北京：东方出版社，2010.

[12] 伍光，王乃昂，胡双熙，田连恕，张建明．自然地理学（第四版）[M]．北京：高等教育出版社，2012.

[13] 严钦尚，曾昭璇．地貌学 [M]．北京：高等教育出版社，1985.

[14] （美）约翰·O·西蒙兹．景观设计学——场地规划与设计手册 [M]．俞孔坚，王志芳，孙鹏译．北京：中国建筑工业出版社，2000.

[15] （美）伊恩·伦诺克斯·麦克哈格．设计结合自然 [M]．黄经伟译．天津：天津大学出版社，2006.

[16] （英）蒂姆·沃特曼．景观设计基础 [M]．肖炎译．大连：大连理工大学出版社，2010: 2.

[17] （美）乔治·哈格雷夫斯．洛杉矶河专题设计——哈佛大学设计研究生院景观系设计实例 [M]．间邱杰译．北京：中国建筑工业出版社，2005.

[18] （美）文克·E. 德拉姆施塔德，詹姆斯·D. 奥尔森，理查德·T·T·福曼．景观设计学和土地利用规划中的景观生态原理．朱强，黄丽玲，俞孔坚译．北京：中国建筑工业出版社，2010.

[19] （法）阿·德芒戎．人文地理学问题 [M]．北京：商务印书馆，1999.

[20] （美）H·J·得伯里．人文地理文化社会与空间 [M]．王民等译．北京：北京师范大学出版社，1989.

[21] （德）韦伯．社会学的基本概念 [M]．桂林：广西师范大学出版社，2005.

[22] 叶至诚．社会学是什么 [M]．台北：扬智文化事业股份有限公司，2005.

[23] 李铮生．城市园林绿地规划与设计（第二版）[M]．北京：中国建筑工业出版社，2006.

[24] 俞孔坚，李迪华．景观设计：专业、学科与教育 [M]．北京：中国建筑工业出版社，2003.

[25] 王莲清．道路广场园林绿地设计 [M]．北京：中国林业出版社，2001.

[26] （美）弗雷德里克·斯坦纳．生命的景观——景观规划的生态学途径（第二版）[M]．周年兴、李小凌、俞孔坚等译．北京：中国建筑工业出版社，2004.

[27] （美）伊迪丝·谢里．建筑策划——从理论到实践的设计指南 [M]．黄慧文译．北京：中国建筑工业出版社，2006.

[28] 庄惟敏.建筑策划导论[M].北京:中国水利水电出版社,2000.

[29] 李铮生.城市园林绿地规划与设计(第二版)[M].北京:中国建筑工业出版社,2006.

[30] 杨赉丽.城市园林绿地规划[M].北京:中国林业出版社,1995.

[31] (美)凯文·林奇.总体设计[M].黄富厢,朱琪,吴小亚译.北京:中国建筑工业出版社,1999:564.

[32] 成玉宁.现代景观设计理论与方法[M].南京:东南大学出版社,2010:414.

[33] (英)凯瑟琳·蒂.景观建筑的形式与肌理—图示导论[M].袁海贝贝译.大连:大连理工大学出版社,2011:214.

[34] (挪)诺伯舒兹.场所精神——迈向建筑现象学[M].施植明译.武汉:华中科技大学出版社,2010:211.

[35] (美)查尔斯·穆尔,威廉·米歇尔,威廉·图布尔.看风景[M].李斯译.哈尔滨:北方文艺出版社,2012:344.

[36] (美)拉特利奇.大众行为与公园设计[M].王求是,高峰译.北京:中国建筑工业出版社,1990:202.

[37] (日)芦原义信.外部空间设计[M].尹培桐译.北京:中国建筑工业出版社,1985:111.

[38] (美)约翰·西蒙兹.景观设计学——场地规划与设计手册(第三版)[M].俞孔坚,王志芳,孙鹏译,程里尧,刘衡校.北京:中国建筑工业出版社,2009:401.

[39] (英)Clouston Brain.风景园林植物配置[M].陈自新,许慈安译.北京:中国建筑工业出版社,1992:499.

[40] (美)理查德·L·奥斯汀.植物景观设计元素[M].罗爱军译.北京:中国建筑工业出版社2005:171.

[41] (美)克莱尔·沃克·莱斯利,查尔斯·E·罗斯.

Keeping a NatureJournal ——笔记大自然[M].麦子译.上海:华东师大出版社,2008:221.

[42] 汪劲武.常见野花[M].北京:中国林业出版社,2004:542.

[43] 汪劲武.常见树木[M].北京:中国林业出版社,2004:480.

[44] Pamela Forey. Pocket spottersWild flowers, Belitha Press, 2003.

[45] 安歌.植物记——从新疆到海南[M].长沙:湖南文艺出版社,2008:173.

[46] Marshall Lane.景观建筑概论[M].林静娟,邱丽蓉合译.台北:田园城市文化事业有限公司,1996:261.

[47] (美)托伯特·哈姆林.建筑形式美的原则[M].邹德侬译.北京:中国建筑工业出版社.1987:218.

[48] (美)丹尼斯等.景观设计师便携手册[M].俞孔坚等译.北京:中国建筑工业出版社,2002:481.

[49] 彭一刚.中国古典园林分析[M].北京:中国建筑工业出版社,1986:106.

[50] (日)中村好文.意中的建筑:空间品味卷[M].北京:中国人民大学出版社,2008:137.

[51] 王晓俊.风景园林设计[M].南京:江苏科技出版社,2009.

[52] (美)诺曼·K·布思.风景园林设计要素[M].曹礼昆,曹德鲲译.孟兆祯校.北京:中国林业出版社,2007.

[53] (美)格兰特·W·里德.园林景观设计:从概念到形式[M].郑淮兵译.北京:中国建筑工业出版社,2010.

[54] 芦原义信.外部空间设计[M].尹培桐译.北京:中国建筑工业出版社,1985.

[55] 卡伦.简明城镇景观设计[M].王珏译.北京:中国建筑工业出版社,2009.

[56] (美)梅格·卡尔金斯.可持续景观设计——场地设计方法、策略与实践[M].贾培义等译.北京:

中国建筑工业出版社，2016.

[57] 鲍家声 . 建筑设计教程 [M]. 北京：中国建筑工业出版社，2009.

[58] 沈福煦 . 建筑方案设计 [M]. 上海：同济大学出版社，1999.

[59] （美）Richard T.T.Forman. 城市生态学——城市之科学 [M]. 邬建国等译 . 北京：高等教育出版社，2017.

[60] 岳邦瑞 . 图解景观生态规划设计原理 [M]. 北京：中国建筑工业出版社，2017.

后 记

——时代不断需求下的景观设计教育应对

景观的新视野

今天，被设计塑造的"外部空间"，正处于功能角色转变的处境，它们既是满足人们基本活动的功能容器，更是风景优美和生态健康的人类宜居环境的载体。

景观不应只是与那些特殊的土地有关，即那些因为美学价值而著名的，或者用于娱乐或旅游观光的特殊土地，人们对于景观的态度应该来自于人们生活领域中的各种尺度，以及每一天触及的空间环境。另外，景观也不仅仅是一种可视的美学意义的形态，成为"舞台的布景"，它是一种表达社会文化意识、生态环境及其不断演变的媒介，是每个人或多或少地利用和认可，用来交流的媒介，如广告、宣传、政策等。由此，我们可以揭示理解各种现象的内涵，预测人们的预见性和非预见性的行动，理解现象的演进和社会的选择，从而进一步反思，采取对土地保护、展示和建造的决策。

景观项目的新目标

景观的问题不仅仅停留在具体的、一成不变的基地上。相反地，今天的规划设计建设项目面对一种持续变化的土地，它超越了场所和特殊地段的理念。有关景观项目的职能，应该在比基地更大的土地空间范围内重新寻找定位，使所有的行为者，包括设计建造者、使用者和决策者，一起参与并掌控。景观项目新的工作目标，是协调组织土地特性和它的营建目标之间的关系，留给生活环境更好的品质。

景观的项目不仅仅体现在形态和设计上。项目的明确，首先应了解现状中的景观是怎样变成今天我们所看到的，什么是动因和社会的意愿。清楚地解释这些现象和动因，明确在这个变化演变过程中景观项目所承担的角色，是存在于过去的遗产和未来的创造之间的转变，景观项目的目标是保护、恢复具有文化或者生态价值，营建并塑造人类生活活动需要的健康优美的环境。

景观设计的新责任

最初的花园多是一种封闭内向的空间，今天从事景观设计的风景园林师或建筑师，其专业领域越来越开放，好像不存在明确的边界。在新的背景下，职业实践活动将会越来越复杂和多样化。新时代具有新的责任，景观设计师应该更广泛地应用新的理论和方法，专业人员应该具有四个方面的综合能力，即研究、设计、媒介和教育。

研究的能力。运用"景观的方法和手段"来阅读景观。阅读的内容主要是对影响景观现象及其变化的活力诊断，思考那些相互依存和相互影响的组织关系。研究的目标是：

（1）寻找自然和社会的进程和秩序，它们是如何创造和形成了景观的形态及其演进。

（2）寻找在人类和生活空间之间存在的自

然和象征性的关系。

设计的能力。这是该职业最原本的构成。景观师应该能够想象新的景观空间布局，从对景观的功能性的理解出发，具备建造环境和空间的职业手段。设计的能力体现在：

（1）了解空间在生活活动、场景构建和生境营造方面的功能，以及空间和使用者之间的关系。

（2）为生活的舒适和用途，创造、营建新的空间。

（3）赋予空间以个性。

在项目的现场，景观师将变成为一个传媒者，他应该能够汇总和综合景观认知的要素，为的是以下目标：

（1）给公众展示，让公众或其他职业理解景观和国土的形态和活力。

（2）方案构思是为了展示景观价值、问题和挑战，具有交流、沟通和设计表现能力。

（3）形成景观项目的提案，能够帮助制定可持续土地空间发展的战略计划。

最后，景观设计专业人员具有多学科知识和分析方法，他们应该具有教育的能力来指导协调景观项目的合理实施，揭示形态表象下简单的原则和复杂的学科理念：

（1）理解有关规划、土地管理和实践活动的文化模式和参考价值。

（2）传播和交流景观的价值，比如自然和历史文化遗产和可持续发展的选择。

本书编写工作说明

本书的整体编写思路和内容框架：刘晖，Benoit Bianciotto

第一部分。初稿：刘晖、Benoit Bianciotto。终稿：刘晖，其中"华山风景资源评价"案例研究整理、"植物学"部分由李莉华整理，"1.3.1 影响景观的自然秩序"部分得到陈晓键教授的审阅并提供宝贵意见。

第二部分。初稿：Benoit Bianciotto、刘晖、杨建辉。终稿：杨建辉，其中"2.3 案例研究"部分由吕琳整理。

第三部分。初稿：刘晖、宋功明。终稿：刘晖、樊亚妮、李莉华、徐鼎黄和吕琳，其中"3.1.2 用地布局与空间组织"部分由吕琳整理，"3.2 场所中的场景"部分由樊亚妮整理，"3.3 场地中的生境"由李莉华整理，"3.4 景观空间设计中的途径"由徐鼎黄整理。

第四部分。初稿：刘晖、Benoit Bianciotto、岳邦瑞。终稿，岳邦瑞，其中"4.3.1 雨水利用与景观工程设计"部分由徐鼎黄整理，"4.3.2 基于生境的植物景观设计"部分由李莉华整理。

本书的整体版面与排版工作由徐鼎黄与研究生郑邦毅负责并完成，研究生高鹏飞、陈蕾、王子月、苏亚斌、郤若郡等同学参与本书各章节排版、校对与图片整理工作。

感谢西安建筑科技大学建筑学院佟裕哲、汤道烈、夏云、张似赞以及西北大学李继瓒、李昭淑、滕志宏，西北农林科技大学刘小帆、杨茂生、王明昌等老一辈教授多年来对风景园林学科发展和专业教育给予的关注和支持。

感谢清华大学景观学系系主任杨锐教授对本书编写理念的推荐和支持，感谢西安建筑科技大学建筑学院院长刘克成教授的关注和支持，感谢浙江大学建筑系张汛翰老师在本书编写过程中给予的帮助。

历届景观专业学生、景观学专业本科学生和研究生，是景观设计教学实践中"教与学"的主体，他们的积极参与以及与教师之间的热烈探讨，使得教材编写过程中不断发现新的目标和工作动力。感谢建筑学院和风景园林系老师给予关注和支持。